火力发电设备检修

实用丛书

汽轮机

许世诚　编著

中国电力出版社

CHINA ELECTRIC POWER PRESS

内 容 提 要

　　本书较为全面地讲述了汽轮机本体精细化检修的技术与工艺要求，对于汽轮机本体检修的要点及注意事项进行了详细的讲解。对于当前汽轮机本体设备及检修中存在的一些共性问题进行了分析。扼要介绍了与之相关的专业理论知识。对于汽轮机振动在线监测系统的主要图谱，进行了概要讲解。对机组检修技术管理工作提出一些针对性的建议。

　　本书可供从事汽轮机检修工作的广大工程技术人员阅读，也可供有关院校热能动力专业作为辅助教材使用。

图书在版编目(CIP)数据

汽轮机/许世诚编著. —北京：中国电力出版社，2015.7
（火力发电设备检修实用丛书）
ISBN 978-7-5123-7603-8

Ⅰ.①汽…　Ⅱ.①许…　Ⅲ.①火电厂-蒸汽透平
Ⅳ.①TM621.4

中国版本图书馆 CIP 数据核字(2015)第 077908 号

中国电力出版社出版、发行
（北京市东城区北京站西街 19 号　100005　http://www.cepp.sgcc.com.cn）
北京丰源印刷厂印刷
各地新华书店经售

*

2015 年 7 月第一版　2015 年 7 月北京第一次印刷
787 毫米×1092 毫米　16 开本　10 印张　220 千字
印数 0001—3000 册　定价 **36.00** 元

前　言

当前对机组节能降耗的要求，比以往任何时候都高。汽轮机的效率，对机组的经济运行所起的作用是关键性的。汽轮机的运行经济性、可靠性当然是由制造厂在设计和制造过程确定的，但不可否认对汽轮机检修的质量控制，尤其是汽轮机本体检修的质量控制，对汽轮机的效率及安全运行有很大影响。

笔者在电厂工作数十年，深感当前汽轮机检修，尤其是汽轮机本体检修的质量控制与检修工艺，仍然存在许多问题，严重影响检修效果。其中有许多问题是带有共性的，因此在这里对汽轮机检修过程中的一些关键工艺、经常碰到的问题及现场普遍存在的一些不恰当的做法逐一进行探讨。

当前有大量的有关检修工艺的刊物，亦有大量的介绍汽轮机原理的书籍。但将汽轮机原理与检修工艺融合论述的书籍较少。本书尽量做到理论与实践相结合，工艺说明与分析并重。为了节约篇幅，对结构的描述以满足说明需要为原则，对常规的检修工艺尽量不提或少提。

笔者针对行业中存在的一些有分歧的做法，如对汽轮机轴系中心的调整的要求，以及当前汽轮机多年未解决的一些痼疾，如普遍存在的低压缸抽汽温度偏高，过桥汽封漏汽量偏大等问题，提出几点个人看法，希望引起关注。

限于作者水平，肯定对有些问题的研讨有诸多偏颇之处，真诚地希望得到同行们的指正。

目　录

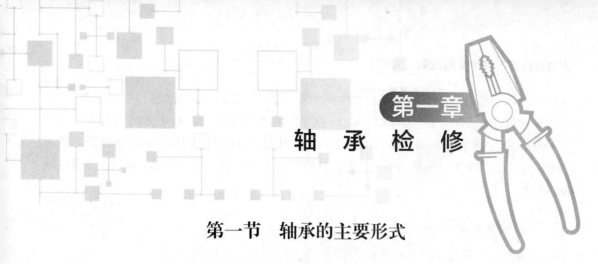

第一章

轴 承 检 修

第一节　轴承的主要形式

当前，汽轮机使用的轴承均为动压滑动轴承。汽轮机轴承按工作性质可分为径向轴承和推力轴承两类。径向轴承按结构可分为固定瓦轴承和可倾瓦轴承两大类。

一、固定瓦轴承

固定瓦轴承按油隙形式可分为圆柱轴承、椭圆轴承、多油楔和多油叶轴承。多油楔和多油叶轴承对轴线歪斜较为敏感，且加工复杂，目前已很少采用。目前，固定式轴承使用最多的是椭圆轴承和圆柱轴承。

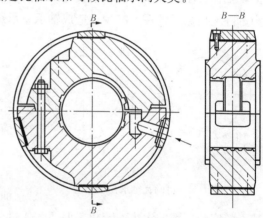

图 1-1　圆柱轴承

1. 圆柱轴承

图 1-1 为普通的圆柱轴承形式。圆柱轴承是汽轮机轴承中使用历史悠久的轴承。轴承内孔为圆形，内孔直径等于轴颈直径加顶部油隙。

顶部油隙为 1.5/1000～2/1000 倍轴颈，两侧油隙各为顶部油隙的 1/2。中小型机组普遍使用圆柱轴承，其结构简单便于加工及检修，目前仍有部分大容量机组使用圆柱轴承。

2. 椭圆轴承

图 1-2 为椭圆轴承的典型结构。椭圆轴承是在圆柱轴承的基础上发展起来的，广泛地

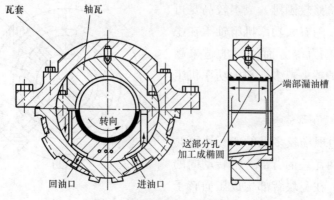

图 1-2　椭圆轴承的典型结构

应用于大容量机组。椭圆轴承顶部油隙约为轴颈的 1/1000，两侧油隙与顶部油隙相同。即轴承内孔垂直方向内径为 [$D+0.001D$（为轴径的外径）]，水平方向内径为（$D+0.002D$）。所以实际上椭圆轴承是由两个不完全的半圆组成，其阻油边仍为圆柱形。椭圆轴承的轴心偏心率大于圆柱轴承，其稳定性明显优于圆柱轴承。但椭圆轴承加工比圆柱轴承略复杂。

二、可倾瓦轴承

1. 可倾瓦轴承结构的基本因素

（1）瓦块数目。可倾瓦瓦块数目不同，在给定的载荷条件下，最小油膜厚度随瓦块数目的增加而减小。在载荷及轴承直径确定的前提下，增多瓦块数，将使单个瓦块上的承载能力，随瓦块数目的平方减少，造成轴承总承载能力减少。

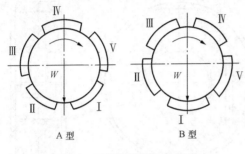

图 1-3　可倾瓦轴承瓦块布置

（2）瓦块布置形式。可倾瓦瓦块有两种布置形式，一种为瓦间承载，称为 A 型；另一种为瓦上承载，称为 B 型。如图 1-3 所示。瓦间承载轴承的稳定性优于瓦上承载轴承。目前机组使用 A 型可倾瓦的数量，多于 B 型。

（3）安装间隙比。一般来说，可倾瓦轴承的油量随轴承间隙比的增加而增大，润滑油温升随之而减小，而最小油膜厚度及摩擦耗功不随安装间隙的大小而变化，但间隙比过分增大时，将导致轴承工作恶化。

2. 可倾瓦特点

可倾瓦的弧形瓦块工作时可以随转速、载荷的不同而摆动，在轴颈四周形成多个油楔。润滑油从各瓦块之间的缝隙进入轴承，从轴承的两端油封环开孔处排出。每个瓦块作用到轴颈上的油膜作用力总是通过轴颈的中心，不会产生引起轴颈涡动的失稳力，因此具有较高的稳定性；理论上可以避免油膜振荡的产生。

另外，由于瓦块可以自由摆动增加了支撑柔性，故有吸收转子振动能量的能力，即具有很好的减振性。可倾瓦有许多优点，但其结构复杂、安装检修较困难、成本较高是可倾瓦的不足之处。随着大功率机组轴承在稳定性、功耗及承载力等方面的要求越来越高，可倾瓦正在被越来越多地被大功率机组广泛采用。

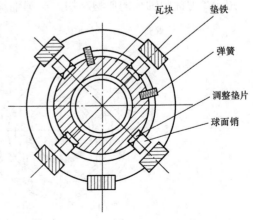

图 1-4　四块可倾瓦示意图

3. 典型的可倾瓦形式

（1）图 1-4 为现场较多见的四瓦块可倾瓦轴承，上半部两瓦块的背部，沿转动向的出油侧设有弹簧，在瓦块背部构成压向转子的倾向，防止瓦块的进油侧与轴颈产生制动的不良倾向。同时在瓦面进油侧修斜，以利于润滑油进入瓦面。

（2）图 1-5 上半为圆柱瓦，下半由两块可倾瓦块组成的可倾瓦轴承，这种结构的可倾瓦稳定性优于圆柱轴承，承载能力比一般可倾瓦轴承大，且具有对偏载和不对中的敏感性较小的优点。通常，由于汽轮机前轴承位于转子自由端，使用这种结构的轴承较多。

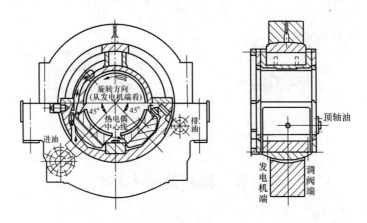

图 1-5　混合式可倾瓦

（3）图 1-6 为五瓦块可倾瓦轴承，属于瓦上承载形式，润滑油从轴承体下部进油。这种形式的轴承使用量较少，有少数大机组采用。使用情况表明其稳定性低于瓦间承载轴承，且检修盘动转子时轴心位置较容易产生偏移。

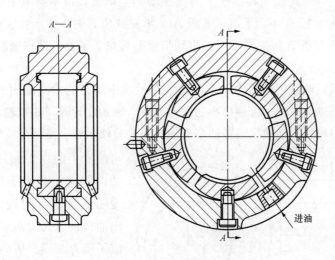

图 1-6　五瓦块可倾瓦

（4）图 1-7 为目前最新型的瓦面进油边带进油槽（LEG）的可倾瓦轴承，润滑采用直接供油和排油方式。每一瓦块有一进油槽，润滑油在瓦面工作后直接排出，具有功耗较小，润滑油用量较低的优点。

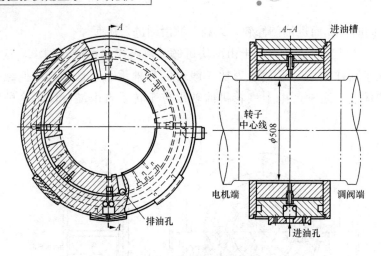

图 1-7　瓦面进油的可倾瓦

第二节　轴承的基本特性

1. 轴承的工作原理

首先，简要说明一下动压油膜的形成原理。如图 1-8 所示，两块平行板之间充满润滑油，板 B 静止不动，板 A 以速度 V 移动。如图 1-8（a）所示，由于润滑油的黏性，附着在板 A 上的一层油膜会与板 A 一起移动，而附着在板 B 上的一层油膜，因板 B 不动所以流速为零。因此，A、B 板之间的润滑油各流层速度，沿板长度方向始终呈三角形分布。由于各层流速恒定，因此作用在油层上的油压既不会增大，也不会减小（恒为大气压）。若忽略板 A 的质量，板 A 不会下沉，若板 A 上承受载荷 F 时，由于在竖直方向无油压的合力与 F 平衡，于是板 A 将逐渐下沉，直到与板 B 接触。显然，这种情况下板 A 不能承受载荷 F。

由于滑动轴承，轴颈比轴承内径小，轴颈在轴承中旋转的垂直断面上，从 A 点到 B 点自然形成了一个进油口大、出油口小的楔形通道。轴颈旋转时，油被轴颈强迫带入收敛空间，若速度分布相同则必然导致进油多出油少，这显然不符合流量连续原理，因而是不可能发生的。要保证流量连续，进油口的速度必小于出油口的速度，说明截面 B 点附近的油压大于进、出油口的油压，也就是说间隙中形成了压力油膜。从 A 点到 B 点，形成的收敛锲状油膜（动压油膜），产生了压力，其压力总和大于外荷载 P 时，即能将轴颈抬起。

综上所述，我们可以总结出油膜的产生条件：其一必须具备收敛

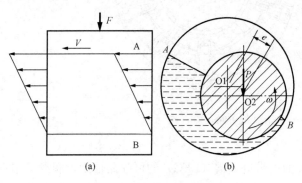

图 1-8　油膜形成原理示意图

（a）平板；（b）轴承

锲状空间；其二收敛锲状空间内，必须充满具有一定黏性的液体即润滑油；其三构成收敛锲状空间的两个面，必须光滑并做相对运动。油膜"支撑"着转子，且由于它的润滑作用使得转子可在轴承中灵活转动。

由于油膜间各层油的流速是不相同的，因此会产生相互抵抗相对位移的黏性阻力。其合力作用于轴颈表面，形成阻止轴颈旋转的阻力矩，阻力矩所做的功使油温升高。油温过高将使润滑油黏度过低影响油膜的质量，因此必须有一定量的润滑油不断流过及时将热量带走，以保证轴承的正常运行。油膜不仅承载着载荷，同时也是避免轴承与轴颈直接接触的中间介质。因此油膜的性质和工作状态，是轴承能否正常工作的基础。

2. 轴承的静态特性

（1）轴承的几何参数如图 1-9 所示。

轴承半径间隙　　$C = R - r$

轴承相对间隙　　$\Psi = C/r$

轴承长径比　　　B/D

式中　D——轴承直径；

B——轴承长度。

任意夹角 θ 处油膜厚度 h 的表达式为

$$h = c + e = c(1 + \varepsilon) = \psi r(1 + \varepsilon)$$

最小油膜厚度 $h_{\min}$ 为

$$h_{\min} = c - e = \Psi r(1 - \varepsilon)$$

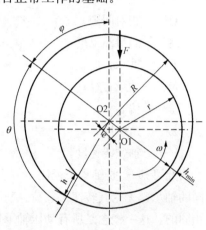

图 1-9　圆筒轴承的几何参数

F—轴颈上所受载荷；R—轴承半径；r—轴颈半径；e—偏心距（轴承中心线 O1 与轴颈中心线 O2 的距离）；φ—偏位角（O1O2 连线与载荷 F 的作用线夹角）

（2）轴心静态轨迹。在稳定运转条件下，当油膜压力的合力与外载荷平衡时，轴颈中心 O1 处于一定的位置，该位置为静平衡点，由坐标（e、φ）或（ε、φ）确定。对同一轴承，静平衡点随转速或荷载的不同而不同。其移动的轨迹称为轴心静态轨迹，如图 1-10 所示。

对于圆柱轴承，该轨迹近似为半圆形，如图中曲线 A 所示，B 为以半径油隙 C 画出的圆，称为间隙圆。

转子静止时，轴颈中心处于最低位置 a，随着转速的升高，轴颈中心顺转向右上方偏移。理论上，当转速达无限大或载荷趋近于零时，轴颈中心 O1 将与轴承中心 O2 重合。因此，机组升速过程中，轴心轨迹是沿 a—O1 到 O2 这条曲线，停机过程则是反过程。由图 1-10 可知，若测得轴心轨迹曲线及轴心的偏位角 φ，画出直线 O2—O1 就可算出最小油膜厚度 $h_{\min}$。偏位角 φ 越小（或偏心距

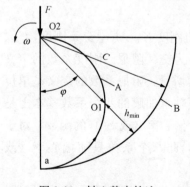

图 1-10　轴心静态轨迹

ε 越大），油膜厚度就越小。在轴承设计时，根据已知的外载荷，保证最小油膜厚度大于规定值，以避免轴颈与其发生干碰磨。

（3）轴承的承载能力。轴承的承载能力主要是指轴颈所受的载荷 F 与偏心距 e 之间的关系。

轴承的承载能力可以用无量纲承载能力系数，即萨摩菲尔得数（Sommerfeld）S_0 表示。

$$S_0 = \frac{F\,\Psi^2}{2\xi BV} = \frac{P\,\Psi^2}{\xi\omega} = \left(\frac{B}{D}\right)^2 \frac{n\varepsilon}{2\,(1-\varepsilon^2)^2} \sqrt{1+0.62\,\varepsilon^2}$$

其中 $P = F/BD$

$$V = D\omega/2$$

式中　F——轴颈上所受载荷；

　　　P——比压；

　　　Ψ——相对间隙；

　　　ξ——润滑油黏度；

　　　B——轴承长度；

　　　D——轴承直径；

　　　ε——偏心率；

　　　ω——角速度；

　　　V——轴颈线速度。

由此可知 S_0 是轴承长径比 B/d 及偏心率 ε 的函数。以同样的 S_0 值工作的所有几何上相同的轴承，无论其转速、载荷、间隙、或润滑油黏度是否相同，工作时它们的偏心率都是相同的，这一概念是所有动压轴承性能设计的基础。当轴承设计好以后，参数 B、Ψ 已定，因此在稳定工作时，轴承承载能力 S_0 只与润滑油的黏度有关。

　　3. 轴承的动态特性

　　轴承的动态特性实质上就是转子振动时油膜的力学反映，即当转子偏离了静平衡点位移时油膜力相应的变化情况。

　　油膜的动态特可用刚度系数和阻尼系数描述，油膜刚度在水平方向与垂直方向的数值是不同的。因此近似的采用四个刚度系数 K_{xx}、K_{xy}、K_{yx}、K_{yy} 和四个阻尼系数 C_{xx}、C_{xy}、C_{yx}、C_{yy} 表征，见图1-11。

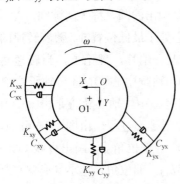

图中 K_{xx}、K_{yy} 为垂直刚度 K_{xy}、K_{yx} 交叉刚度，C_{xx}、C_{yy} 为垂直阻尼，C_{xy}、C_{yx} 为交叉阻尼。刚度系数的定义是单位位移引起的油膜力增量，阻尼系数的定义是单位速度引起的油膜力增量。轴承油膜的八个系数基本上是轴承形式、轴承长径比、偏心率（或 S_0）的函数。对于给定的轴承和载荷方向，此八个系数只随偏心率（或 S_0）变化。

图 1-11　轴承的油膜的力学模型

　　油膜具有各向异性的特点，即各正向刚度或阻尼不相同，交叉刚度与阻尼也各不相同。这也说明了轴心轨迹为什么不是沿载荷方向呈直线的原因，同时也是引起油膜不稳定的重要因素。

　　油膜特性对转子的振动特性有很大的影响，例如，转子的不平衡响应和轴系的稳定性都取决于油膜的刚度与阻尼特性。它对振动特性的主要影响有：

（1）由于油膜的弹性作用，转子的临界转速被降低。

（2）由于油膜的阻尼作用，共振振幅大幅度降低。

（3）由于油膜的各向异性，转子的轴心轨迹成为椭圆形，而非圆形。

油膜对转子的稳定性有着更重要的影响，油膜失稳引起的自激振荡对机组安全运行影响十分严重。轴承设计时对其静态特性与动特性都进行了核算，因此在检修中使轴承最大限度地保持设计时的条件，是非常重要的。

第三节 轴承的损伤及修理

一、轴承乌金的修理

1. 乌金与轴颈的接触

轴承检修时乌金面的修理质量，对轴承的工作品质有着直接影响。多年来很多电厂已养成了习惯，认为乌金与轴颈的接触是必须修刮的，并规定接触范围应为60°。实际上，由于轴颈直径小于乌金内径，大圆与小圆相切理论上应是一条线接触。现场使用红丹粉检查乌金接触情况时，由于轴径与轴承孔径非常接近，例如，一只300mm直径的轴承顶部油隙标准为0.39mm；在60°接触角两侧的位置处，轴颈与乌金间隙仅为0.026mm的间隙。检查乌金接触翻瓦的过程中，轴瓦需要紧贴着轴颈翻转180°，不可避免地造成乌金与轴颈在一个夹角范围内全部接触的假象。

在此，并非是说检查轴瓦乌金与轴颈接触没有意义，用红丹粉检查乌金接触情况，确实可以直观的反映出其接触质量，但是我们应意识到，这样的检查方法客观存着将乌金接触面积扩大的虚象。倘若确实将轴瓦下部乌金，修刮成在60°夹角区域内与轴颈完全吻合的形状，适得其反将背离上述的油膜形成条件。将轴瓦的一部分修刮成与轴颈相配，意味着轴瓦的这一部分的半径，与轴颈的半径相等，如图1-12所示。

轴颈"浮起"时60°弧长区域内，成为一个近似于图1-8（a）所示的"平行"通道，甚至有形成一个渐扩的倒置楔形通道的趋势，必将影响油膜的形成。

2. 乌金的修刮原则

一般认为能形成油膜的最低线速度为0.65m/s。轴承设计时，轴承与轴颈表面粗糙度一般在R_a1.6～3.2，最小油膜厚度至少需要大于轴承粗糙度与轴颈粗糙度之和，才能脱离半干摩擦。也就是说在同样条件下，光洁度高的轴承与轴颈，可以在更低的转速下脱离半干摩擦，更有利于安全运行。因此，保持乌金面的光滑、规整有很重要的意义。

图1-12 乌金修刮示意图

轴承检修最关键的部分是对轴瓦乌金的检修。对乌金检修最妥当的方法是仅检查，不修刮或尽量少修刮。当然，当前检修现场乌金表面或多或少存在划伤痕迹的现象很多，因此不得不对乌金表面进行适当修刮。此时应注意在保证乌金表面光洁度的情况下，尽量减少修刮量。轴瓦乌金与轴颈都是由制造厂通过精密机械加工制造出来的，因此乌金与轴颈之间的配合，远比现场手工修刮良好。即使工作经验最丰富的工人对轴承乌金的修刮，也不可能达到机械加工的水准。所以尽量减少对乌金的修整量，使其保持出厂的原始状态是乌金修理的重要原则。

某制造厂曾经做过对比试验，试验结果表明，经过人工修刮的轴承，虽然目视接触情况表象优于未修刮的原始加工状态轴承，但运转时瓦温明显高于后者。应坚信，试验结果比直觉印象更科学、更可靠。

二、乌金的损伤

运行中轴承最容易损坏的部分是乌金。常见的损伤有乌金碎裂、碾轧及表面拉伤。

（一）乌金碎裂

1. 乌金碎裂原因

乌金碎裂现象多数发生在小机组上，大机组发生较少。多数是由于轴振过高，或乌金浇铸质量不良造成的。小机组轴瓦支撑刚度相对较大，而大机组轴瓦支撑刚度相对较小，因此在相同的轴瓦振幅下，小机组的相对轴振超过大机组。大机组乌金碎裂发生较少，但并非不发生。

乌金浇铸质量不良时，即使机组运行中振动情况正常，也会发生乌金碎裂现象。当乌金与瓦胎结合质量不良，运行中润滑油沿着接合缺陷处，缓慢的渗入乌金与瓦胎之间；随着温度升高，乌金被渗入其中的润滑油顶起脱壳形成凸起。凸起的乌金失去瓦胎的支撑，承载能力大大降低，因此很容易出现碎裂。与此情况近似，转子的激振力通过油膜传递给轴瓦，使乌金产生交变应力；当应力过大时，使乌金产生疲劳裂纹。运行中润滑油沿着裂纹处缓慢的渗入乌金的着力部位，同乌金与瓦胎结合质量不良的情况类似，最终导致乌金碎裂。随着乌金浇铸工艺水平提高，乌金碎裂的现象逐渐减少。

2. 乌金的修补

20 世纪 90 年代以前，在现场修补乌金是一件很平常的事，但目前几乎绝迹。只要发现乌金碎裂，动辄更换新轴承。实际上，现场修补乌金并非难事，大部分电厂都有在现场修补的条件。

（1）补焊准备工作。

1）补焊前首先用角铁做模具，使用氧－氢气火焰溶化符合要求的乌金，制成约 8～12mm 粗细的乌金条供补焊时使用。

2）将碎裂的乌金全部凿去。对瓦胎及周边的乌金进行清洗。可选用酒精、四氯化碳等溶剂作为清洗剂。彻底清除待焊处残留油脂等异物，使乌金显露出金属本色。

3）用着色法对脱壳部位四周乌金探伤，检查是否还有脱壳现象，如发现仍有脱壳的地方，仍需将其凿去，清理后再探伤，直至确认所有脱壳乌金被彻底清除。

4）用大号的烙铁在瓦胎上焊上一薄层焊锡。焊锡厚度不应大于 0.5mm，必须与瓦胎可靠焊牢。

5）焊好锡的瓦胎表面应呈现发亮的暗银色，如果出现淡黄色或黑色的斑点说明质量不合格，必须返工重焊。

（2）补焊工艺要求。

1）根据轴瓦大小选择不同型号的焊炬，一般选用 H01—6，小轴瓦可采用微型焊炬。

2）用氢—氧火焰加热乌金条，使之熔化在瓦胎上，边熔化边推进乌金条并不断前移。操作时动作要迅速敏捷，防止乌金过热造成脱壳。由于乌金加热后不会变色，所以补焊时要观察焰池状态，操作时注意控制瓦面的温度，用手触摸，应没有很烫手的感觉，补焊处温度最高不得高于 100℃。否则，应迅速将火焰转移到温度较低处补焊，或暂停作业。

3）如果补焊区域较大，为使乌金与瓦胎结合质量更好，可在瓦胎上植入若干 M8～M12 由乌金制作的螺栓。补焊时应将待补区域分成若干小块交替进行，避免在一个部位连续施焊。每一层的堆焊厚度不得过厚，如一层堆焊厚度达不到要求，可再堆一层。防止乌金过热是补焊操作工艺的关键，因此要严格控制连续补焊的时间。

（3）补焊后的检查加工。

1）补焊结束，进行粗略修刮后，用着色法对乌金进行详细的全面探伤。需确认无裂纹、脱胎、气孔等缺陷后方可进行下一步处理。

2）对于大范围补焊的乌金，由于内圆的几何尺寸已经严重偏离了标准范围，手工修复难于保证质量，因此应采用机械加工的方法进行修复处理。

3）对乌金表面少量补焊后进行手工处理时，需要注意严格控制修刮范围。以未修补处的乌金为监视点，仅对补焊处高出的乌金进行修刮。

（二）乌金碾轧

1. 乌金碾轧原因

乌金碾轧相对较多见。很多分析认为乌金碾轧是在汽轮机高速运转时发生的；由于轴系中心调整不当等原因，轴承过载，导致最小油膜厚度过薄，乌金温度过高造成乌金碾轧。实际上乌金的碾轧，绝大多数是在低转速下时发生的。对于承载较重的轴承，机组启动时首先开启顶轴油泵，将轴颈顶起。汽轮机启动升速率通常不会低于 100r/min。由于升速率高，很快形成油膜，使得启动过程中轴颈与乌金始终有效地隔离开。如果启动时顶轴油调整不当未能将转子顶起，升速过程中在油膜尚未形成时，势必造成半干摩擦，但此时由于升速率很高，轴承在此状态下停留的时间很短，所以一般情况下不会损伤乌金。随着转速迅速上升油膜很快形成，在额定转速下，依然可以形成稳定的油膜，使轴承保持正常运行。

当然，如果轴承存在着与乌金、轴颈接触不良，或存在接触形态不合理等缺陷时，尽管有较高的升速率，仍会引起瓦温升高，造成无法正常启动。

正常情况下停机时，转子惰走时间可长达数十分钟，当转速降至 400～150r/min 时，油膜厚度逐渐减薄，且随着油膜刚度降低，油膜又会与顶轴油互相干扰。油膜基本上完全按照转子旋转方向运动，而顶轴油是以顶轴油孔为中心向四周运动，既有与油膜同向的流动，又有与油膜反方向及垂直方向的流动，形成干扰。此时由于降速的速率很低，因此不能迅速通过这个不利阶段。

当转速进一步降低至 150r/min 以下时，由于轴颈旋转线速度下降，摩擦力降低，发热量亦降低。同时，随着转速降低顶轴油受到的干扰也逐渐减小，将更趋于稳定地发挥作用。因此，转速降至 400～150r/min 时，是轴承润滑条件最差的阶段，容易造成轴颈与乌金半干摩擦，使乌金发生碾轧。

若乌金启动时已经受损，在这个运行条件最差的阶段会进一步损害乌金，引起瓦温迅速升高，最高可达 140～160℃。在这个过程中随着瓦温上升，乌金强度、硬度随之下降，乌金很可能会发生碾轧。乌金在不同温度下力学性能见表 1-1。图 1-13 为乌金碾轧的实物照片。

表 1-1　　　　　　不同温度下 ZCHSnSb8-1（8-4 锡锑轴承合金）力学性能

温度（℃）	HB	$\sigma_{0.2}$ (N/mm²)	σ_b (N/mm²)	δ (%)	$\sigma_{-0.2}$ (N/mm²)	σ_{-b} (N/mm²)
18	24	56	78	18.5	43	112
25	22.3		70		43	105
50	18.2	45	64	24	33	81
75	14.8		54		27	65
100	11.3	33	45	23	21	47
150	10.8	17	27	32		
200	2.3	13	18	29.4		

图 1-13　乌金碾轧的实物照片

从图 1-13 中可以看出被挤压出来的乌金呈薄片状沿着转子旋转方向被带到油隙处。我们可以直观地感觉到，假如这种损坏是额定转速下形成的，轴瓦承力面磨损，被碾轧出来的乌金又被填充到油隙处，进一步破坏正常的油隙迅速形成恶性循环，在高速运转的情况下，损坏程度将是不堪设想的。即使迅速打闸停机，后果也将远比照片所示的情况严重的多。

2. 乌金碾轧的防止

20 世纪 70 年代国产 300MW 机组投产初期，轴瓦频繁发生碾轧事故。摸索多年后终于发现，只要在启动前顶轴油泵开启后能保持各道轴颈抬高不低于 0.05mm，就可以解决乌金碾轧问题。

众所周知这个抬轴高度远低于轴承的最小油膜厚度，且升速至约 1200 转时，顶轴油泵已经停运。因此这项措施对已经形成稳定油膜的高转速是不产生影响的。如果乌金碾轧是在高速时发生，这项措施是不会起作用的。这项防止乌金碾轧的措施，从另一个角度说明了乌金碾轧是在低速下发生的结论是合乎逻辑的。

运行中一旦乌金瓦温迅速上升，超过110℃应立即停机，当机组转速惰走至400～150r/min时，如前所述瓦温最高甚至会超过150℃，在这种情况下乌金势必产生明显的碾轧与磨损。

乌金碾轧与瓦温高，不能混为一谈，实际上两种之间既有联系又有区别。发生乌金碾轧时瓦温不一定高，反之瓦温高时也不一定发生乌金碾轧（当然要看高到什么程度）。抛开乌金碾轧，瓦温升高大多数发生在较高转速，这是因为当轴瓦载荷偏大时，随着转速升高发热量随之增大，瓦温势必升高。很多情况下瓦温即使高达110℃，停机后检查乌金会发现并未发生碾轧。

由于瓦温高被迫停机时应注意，在不影响末叶片安全的情况下尽量提前破坏真空，缩短惰走时间，使转子较快地通过轴承润滑条件最差的阶段，减少对乌金的损伤。对于轻微的乌金碾轧经修刮后，如轴承间隙不严重超标，且运行中瓦温正常仍可以继续使用。但须认真检查确认乌金无裂纹、脱胎等损伤。与轴颈的接触情况仍良好。无论轴瓦乌金发生什么形式的损坏，都需要对乌金表面进行修刮，使其表面保持光滑状态。但需要注意，如本节开头所述，严格控制修刮量，过量的修刮将影响油膜生成条件，也将增加乌金碾轧发生的几率。

（三）轴瓦脱胎处理

轴瓦乌金的缺陷有可能在运行中造成乌金损伤。许多微小缺陷是肉眼无法觉察的，因此每次检修所有轴承清理干净后，均应对乌金进行着色探伤。探伤时尤其要注意乌金与瓦胎的结合的边缘部位，这些部位是最容易产生脱胎的位置。如发现轴承边缘的非承力部位，有脱胎现象，其他部位均完好无损，可以采用加装拉紧螺栓的方法处理（目前很多电厂只要发现乌金脱胎，不论脱胎在什么位置都换新瓦）。如图1-14所示。在脱胎处，依据脱胎部位的面积及轴承的大小，在瓦胎上钻若干个孔径等于M8～M12螺栓底孔的孔眼，攻螺纹。乌金的钻孔直径应稍大于对应的螺栓直径。预先加工好紫铜制作的平头螺栓。螺栓孔口处的乌金，应钻成与紫铜平头螺栓锥面相吻合的沉孔。沉孔深度应确保平头螺栓拧入后，螺栓平头端面低于乌金表面约2mm。

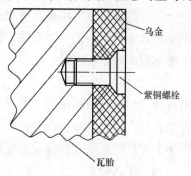

乌金

紫铜螺栓

瓦胎

图1-14 乌金脱胎处理

反复用四氯化碳清理乌金脱胎处，确保缝隙内润滑油等残存物被彻底清除干净。安装紫铜平头螺栓，逐一反复拧紧螺栓后，乌金补焊将螺栓头盖没。乌金补焊方法与前述补胎方法相同。这个方法简单、易行，大量现场实践证明此种处理方法效果良好。

第四节 可倾瓦检修

轴承油隙的测量检查是轴承检修的标准项目。目前汽轮机使用最多的轴承是椭圆瓦与可倾瓦。椭圆瓦油隙的检查与测量，与传统的曾广泛使用的圆柱瓦在工艺方法上完全没有区别。这些方法沿用多年成熟可靠，在此不再进行讨论。

可倾瓦则不同，其结构与圆柱瓦有很大区别，因此需要有适用于其结构的新方法测量及检查其顶部油隙。

1. 可倾瓦顶部油隙的测量方法

现场可倾瓦常用的测量油隙的方法有两种，即抬轴法或瓦块提升法。但这两种测量方法，都不能如实地反映可倾瓦的实际油隙。瓦间支撑的可倾瓦反映更突出。

(1) 抬轴法。抬轴法用来测量油隙的方法是：组装好可倾瓦，拧紧轴承壳体结合面的螺栓，拆除上部瓦块的固定螺栓。分别在转子轴颈处和轴承壳体外圆上各架一只百分表，记录下两只百分表的原始读数。然后用抬轴架缓慢地抬起转子。在抬起转子同时，监视两只百分表的读数，当架在轴承上的百分表指针开始移动时，停止抬轴，记录架在轴颈上的百分表读数。将此读数减去原始读数，再减去轴承壳体上的百分表读数的变化值，即为轴瓦的油隙。

(2) 瓦块提升法。如轴承上设有测量中心孔，可用瓦块提升法测量其油隙。准备工作与抬轴法相同，只是不装百分表。待组装好轴瓦后，松开轴承上部瓦块的临时固定螺栓，用铜棒轻轻地敲击上半轴承，使上半部的两块瓦块落到轴颈上。用深度尺从上轴承 45° 位置上的瓦块中心孔处测量瓦块背部垫片到轴承壳体外表面的距离，记录此读数。均匀地拧紧瓦块的固定螺栓，尽量使每块瓦块上的两个临时固定螺栓的拧紧量保持一致，直到瓦块垫片与轴承体的内表面完全接触为止。再次用深度千分尺测量瓦块背部垫片到轴承壳体外表面的距离，记录读数。两次读数的差值即为可倾瓦在 45° 方向上的油隙。

(3) 抬轴法与瓦块提升法测量存在的问题。实践表明，这两种广泛采用的测量方法，都不能真实的反映出可倾瓦的实际油隙。测量的结果明显与图纸标注尺寸不符，造成测量不准的原因究竟在哪里？下面就这个问题做一下分析。

1) 可倾瓦加工工艺。首先了解一下可倾瓦在制造厂的加工过程。先将毛胚加工为瓦胎圆环，然后将圆环切割成所需要的数块瓦块，再在瓦块上浇铸乌金。将图 1-15 所示的瓦块、球面销、调整垫块与轴承壳体组合后好，利用瓦块固定螺栓将瓦块拉紧固定在轴承壳体上，且使瓦块背面与轴承壳体呈同心圆，然后加工乌金内圆。

加工完成后，松开瓦块固定螺栓，用"特制心轴"检查各瓦块的同心情况。"特制心轴"实际上是一根很短的假轴，其外径等于轴颈加油隙。因为瓦面有可能存在加工误差，因此根据检查的结果，利用调整垫块对不符合要求的瓦块进行微量调整。确保各瓦块与"特制心轴"为同心圆且接触良好。制造厂加工时使用的所有组件：球面销、调整垫块、轴承壳体与瓦块配套出厂，提供给用户。

2) 测量误差产生原因。对比制造厂可倾瓦的加工过程，很容易理解在现场使用的"抬轴"及"轴瓦提升"测量油隙的办法，都不能如实地反映出可倾瓦的实际油隙的原因。如图 1-15 所示，在现场检查时，下瓦块在转子的重力作用下，将如跷板状向内、向下倾斜，当轴颈被抬到最高处时，上瓦块同样又将向上、向内倾斜。在上下两个测量位置上，瓦块与轴承壳体都不处在同心圆的状态，因此不可避免地造成测量误差。

基于此，"抬轴"测量法的误差可能比采用"轴瓦提升"测量油隙误差更大些。轴承的几何尺寸越大，误差也越大。除此之外，这两种测量方法都不能避免由于瓦块扭转，瓦块中心线轴向没有与转子轴线平行，即瓦块端面不在一个平面上造成的测量误差。此种测量误差的存在容易造成测量结果的重复性差。可以直观的认为，在检修时，只有将瓦块组合成一个圆柱瓦的形状后，再进行测量，才能比较真实的测量出可倾瓦的油隙。但是，在现场这是难以实现的。

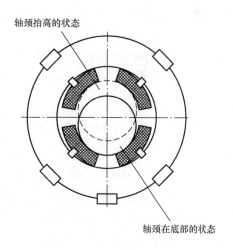

图 1-15　可倾瓦油隙测量示意图

（4）测量的改进办法。比较可靠的解决办法是，加工一只制造厂检验可倾瓦使用的"特制心轴"，参照制造厂出厂检验的办法，用相同的测量工具，在现场对可倾瓦进行检验与测量。若没有"特制心轴"，只能暂时考虑利用机组安装时用"抬轴法"或"瓦块提升法"测量的油隙的原始记录，在以后的检修工作中，使用同样的办法测量，然后进行比较。如此，虽然存在测量误差，仍可以通过对比考察油隙的相对变化情况。为了取得相对准确的测量结果，建议至少重复测量一次，如果数次测量的结果都不相同，原则上应选取数值大的数据（因为瓦块扭转只会使油隙测量值偏小，不可能偏大）。

2. 可倾瓦块的更换

检修现场经常有因为乌金碾轧及严重划伤，需要更换瓦块的情况。从以上的叙述可以理解，更换瓦块时应该对新瓦块进行同心度检查，从理论上讲，最好整套调换制造厂提供的随机备品瓦块。通常随机备品瓦块在制造厂加工时使用的是"正装瓦"的工装，即利用"正装瓦"的球面销、调整垫块、轴承壳体配套加工的，因此备品瓦与"正装瓦"具有可换性。即便如此，仍需要验证。如若不是使用同一工装加工的瓦块，虽然轴承的所有部件都是按照同一标准制造的，但每只瓦块背部放置调整垫块的圆孔深度及瓦面加工等都有差别，自然会影响瓦块的同心度。因此，需要重新配置调整垫块的厚度。更换新瓦块时原球面销、调整垫块都需要重新测量。测量目的是保证各瓦块与轴心距离相等，通过调整平垫片的厚度调整偏差值。各瓦块的乌金面相对轴心距离偏差不应超过 0.02 mm。

（1）配瓦。新瓦块需预先清理干净，特别是轴瓦壳体与瓦块之间调整垫块和球面销的圆孔不允许有毛刺，并用酒精擦拭干净。测量及计算方法参照图 1-16。

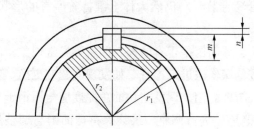

图 1-16　瓦块调整测量及计算方法示意图

逐一用深度尺测量壳体放置调整垫块与球面销的圆孔深度；如孔底面不平，可放入一只厚度较薄的工艺垫块，测量数据加工艺垫块厚度即为实际孔深。球面销放入瓦块背部圆孔内，用千分尺测量销子与瓦块的总厚

度。测出最高点数值即为总厚度 m。计算各瓦块调整垫块的厚度为

$$d = n + r_1 - m - r_2$$

式中　d——调整垫块的厚度；

　　　n——轴承壳体圆孔深度；

　　　r_1——壳体内半径；

　　　m——瓦块与球面销厚度；

　　　r_2——瓦块内半径。

根据测量结果进行调整，调整后，调整垫块的厚度与计算值的误差应≤0.02mm。

上述此项测量与调整工作，对操作人员的技术素质要求很高，否则难以保证调整质量。尤其是瓦块与球面销厚度的测量，因为球面销的两面都有弧度，所以测量难度很大。因此比较稳妥的办法，仍是利用制造厂对可倾瓦进行检验的"特制心轴"，对新瓦块的同心度及接触情况检查。如此虽然降低了技术难度，但依然是一件非常精细的工作，需要严格控制，十分认真地操作。否则难以保证调整质量。

如有 m 值即瓦块与球面销厚度的原始记录，换瓦工作则可简便许多，只需测量各新瓦块的 m 值，与原始记录比较，其差通过修正调整垫块厚度借正即可。

（2）对配瓦的认识。或许有人认为，在现场调换瓦块是一件很普通的事，而且很多时候调换新瓦块后，未做任何检查，仅用"抬轴法"对油隙进行了测量，没做任何调整，投运后亦未发现问题。对于这个疑问，可以这样解释，制造厂在可倾瓦的制造过程中，对各个工序的工艺要求是相同的。也就是说，是按照统一要求加工的。但只有随机备品提供的备品瓦，是使用同样的工装，即同一轴承壳体，同一调整垫块、球面销加工的。因此，这两只瓦可以互换。如果换瓦时使用的是制造厂提供的随机备品瓦，出现偏差的机会就会较低。但其他备品瓦，由于工装不同，其累积误差就会造成偏差。

瓦块的偏差不可避免的影响轴承的稳定性、可靠性。在正常运行情况下或许不会有明显反应，一旦有"风吹草动"轴承工作环境变差时，就会出现问题。现场曾经发生过瓦块更换后，由于下部两侧瓦块不同心，两侧刚度不对称，出现阵发性的振动异常的现象。

3. 可倾瓦调整垫块、球面销的检查

检修中，经常会忽略对可倾瓦调整垫块、球面销的检查。这两个部件依靠很小的承力面，承载转子的动、静载荷。其硬度很高，如热处理不当，很容易出现问题。据了解，这些零件很多是制造厂外委加工的，质量的控制可能存在疏漏。现场曾经多次发现垫块、球面销的碎裂现象。所幸由于结构原因，碎裂后没有散开，仍然大体上维持着原有的形状，因此没有造成设备损伤。

因此每次检修时，应当全面检查调整垫块、球面销是否有磨损、凹坑等异常现象。由于许多微小的裂纹肉眼难以发现，需要采用着色探伤法进行检查。如发现问题应更换，更换前同样需要用着色探伤法对备件进行检查。新球面销、调整垫块的总厚度应与原销子总厚度相同，如有差别应用图 1-15 中所示的调整垫片进行调整。最终保持球面销与调整垫片厚度之和不变，即瓦块的几何中心不变。

第五节 浮动油挡检修

当前，浮动油挡使用非常普遍，但在使用过程中出现的问题也比较多。常见的问题主要为油挡磨损，严重时引起异常振动。

（1）油挡失圆。造成油挡磨损的原因较多，油挡变形失圆是主要的原因之一，油挡变形失圆造成局部间隙减小或消失，导致油挡与轴颈碰磨。发生这种情况，大多是油挡加工时，定型处理不良，残余应力水平较高，运行中应力释放所致。

备品油挡内圆是留有加工裕量的。检修需要更换时，加工前应先将中分面螺栓松开，在无约束的自然状态下，检查上下油挡中分面接触情况。如有张口应修刮中分面。直至在油挡中分面在不紧螺栓的自然状态下接触良好无间隙。然后再组合起来加工内圆，做到无应力、无间隙组合。

（2）油挡轴向间隙偏小。油挡鳌劲也是造成磨损的常见原因。安装油挡的壳体上、下半轴向不应错位，油挡本身上下半轴向也不应错位，均应在一个平面里，否则安装后轴向实际间隙将小于名义间隙，且轴向接触不良。

浮动油挡工作时，在油压的作用下，产生一个指向外侧的轴向推力，因此，运行中浮动油挡一定会向油挡壳子外侧的支撑面贴紧。轴向密封是依靠这个密封面承担的。此密封面的接触情况，直接影响油挡轴向密封的效果。靠近轴承内侧的轴向密封面，在运行中是非接触的。因此，将轴向间隙调整得小是不科学的。虽然按照设计要求油挡与壳体在一个平面中，但装配误差的存在，极易造成油挡前后两个端面与壳子的密封面不平行造成鳌劲，使浮动油挡自位能力降低、"浮动"能力下降，导致油挡磨损。

早期国产 300MW 机组，电厂自行制作的浮动油挡，在没有掌握这个规律时，为减少油挡漏油将油挡轴向间隙调整得很小，油挡频繁磨损。当时认为磨损是浮动油挡径向间隙太小造成的，不断放大径向间隙，仍不能解决磨损问题。经反复摸索，发现只要控制好油挡轴向间隙，即使径向间隙较小亦不会造成严重磨损。较大的轴向间隙改善了浮动油挡的自位能力，这才是问题的关键。

目前有些电厂及制造厂，仍然采用不断放大径向间隙的办法解决磨损问题，是不恰当的。在检修现场处理浮动油挡磨损时，如果放大的轴向间隙后，仍然产生磨损的现象，应详细检查油挡与壳子外侧的轴向支撑面接触情况。确保接触面平整无毛刺接触均匀，此接触面越光滑，油挡的浮动自位能力越强。

（3）中分面螺栓滑牙、断裂。浮动油挡中分面螺栓松脱或断裂也是比较多见的缺陷，亦是造成油挡磨损的常见原因。很多机组的浮动油挡中分面螺栓，是采用紧固螺栓旋入下油挡螺孔内的方式。由于结构原因紧固螺栓很细，既不易拧紧造成紧固螺栓松脱或螺纹滑牙，又容易断裂。将其改为对穿拂螺栓，是比较简单、有效的

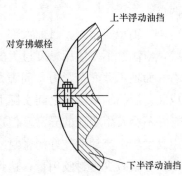

图 1-17 浮动油挡中分面螺栓改进

改进方法。选用强度稍高的材质制成单头螺栓，其直杆部分与油挡螺孔相配，起到定位销的作用，如图 1-17 所示。数台机组如此改进后，均彻底解决了浮动油挡中分面螺栓滑牙、断裂问题。

第六节 轴 承 座

1. 轴承座的主要形式

根据轴承座与基础连接的方式不同，分为落地式轴承座与座缸式轴承座两种形式。

（1）落地式轴承座。落地式轴承座又可分为滑动式落地轴承座及固定式落地轴承座。为满足机组膨胀要求，滑动式轴承座底面与基础台板之间注入耐高温润滑脂，一般采用压力润滑，即将抗高温的润滑油脂，注入轴承座及台板需要润滑的表面沟槽内，达到通过油脂润滑接触面的目的。也有采用金属抗磨自润滑合金（目前常用 DAVE 合金）结构的，它原是一种应用在精密机床抗磨道轨上的合金，是较理想的无油润滑材料。

对于不同机组，轴承座设置各不相同，但前轴承座一般采用落地式结构。落地式结构的轴承座有较高的支持刚度，且基本不受机组工况和汽缸承载荷变化的影响，有利于提高轴系的稳定性和减少不平衡力产生的影响。但由于结构原因，使用落地式轴承座将增加转子的长度。

（2）座缸式轴承座。座缸式轴承座依附于汽缸，可视为汽缸的延伸部分。通常置于低压缸端部，采用座缸式轴承座能够缩短汽轮机转子跨度（尤其低压转子跨度）是一个十分明显的长处。但机组运行中，轴承座支承中心势必受到排汽温度变化、机组真空变化等因素的影响。

轴承座承担着汽轮机转子和汽缸的动、静载荷，同时还承担着由于传递扭矩带来的反作用力及高速旋转部件的不平衡质量引起的动载荷，因此轴承座须有足够强度和刚度，同时应有良好的抗振性能。运行实践表明，国产机组座缸式轴承座刚度不足较为普遍，有些机组甚至出现瓦振超过轴振的现象。

2. 轴承外紧力

通常轴承的外紧力，是依靠轴承座上盖或专用拉紧螺栓提供的。不同形式的机组对外紧力的要求，各不相同。外紧力的测量方法的工艺规定非常明确，不再累述，但需注意以下两点。

（1）轴承盖紧力。目前大部分机组为了防止轴承座中分面渗、漏油，广泛使用各类密封胶，应注意不要使用黏度过大的密封胶。经测量很多密封胶固化后，厚度可达 0.05mm 左右。而轴承盖配合紧力（间隙）往往只有 0.00～0.03mm，小于固化后的密封胶厚度。造成装复后的轴承部件之间实际上没紧力或间隙超标。尽管许多时候轴承紧力没有达到要求，并不会发生明显的异常。但这绝不可以成为违背制造厂提供的技术标准的理由。即使使用黏度较小流动性较好的密封胶，也应注意不可涂抹过多。在所有的周界都涂抹到的情况下，尽量减少密封胶用量；达到即能满足密封要求，又不因密封胶太厚，影响轴承部件之间的装配紧力的效果。

（2）拉紧螺栓紧力。有一些机组轴承的紧力，不是依靠轴承盖提供的，而是在上半球面座两侧各伸出一只凸肩，凸肩通过拉紧螺栓紧固在下轴承座上，依靠螺栓提供轴承紧力，如图 1-18 所示。

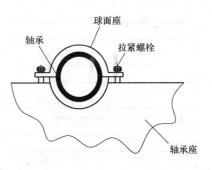

图 1-18 轴承紧力示意图

为控制紧力，制造厂都在图纸上注明了螺栓的拧紧力矩。但绝大多数电厂都没有按照制造厂的要求执行，而是按照习惯，用大锤直接打紧拉紧螺栓。现场试验表明，这样做其紧力超过规定紧力的数倍。无疑将影响轴承的正常自位，需引起注意。轴承解体后，乌金虽无明显异常，但乌金接触痕迹不均匀的现象现场并不少见，与轴承的自位情况有直接关。

3. 轴承座漏油

轴承座漏油是比较常见的缺陷。为解决漏油，通常都会想方设法改善内、外油挡的密封性能。但仅仅关注油挡是不够的，所有的机组油箱都装有排烟风机，一台机组装有两台，一备一用。依靠排烟风机的抽吸作用，吸去轴承回油带入油箱内的烟气，并使油箱内始终维持微负压状态。有不少电厂忽略了控制好油箱微负压的重要性，很多时候轴承座漏油并非油挡存在缺陷，与油箱负压有直接关系。油箱正压，所有轴承箱内均将呈正压，极容易造成渗、漏油。

一些进口机组，为防止轴承座漏油，甚至将润滑油箱排烟风机列入保护，规定两台风机均停运，机组跳闸停机。由此可见，排烟风机的工作状态至关重要。

由于一台机组安装有并联的两台风机，为防止运行风机出风通过备用风机出口倒灌，每台风机出口各有一只逆止门。通常制造厂提供的逆止门是由钢板制成的，较厚重，由于风机出口风压极低，逆止门偏重，容易影响风机出风。应视具体情况，有必要时可将其适当车薄减重。

此外，制造厂对排烟风机似乎普遍重视不足，配套排烟风机容量偏小的现象时有发生。某电厂国产 600MW 机组投运后，频繁发生轴承座漏油，多次引发火灾，油箱负压时有时无，几经反复，查明排烟风机容量偏小，不能使油箱有效地建立稳定的负压。将排烟风机容量适当增大后，再没有发生过轴承座漏油。

第七节 推力瓦的检修

推力轴承在汽轮机运行时，承担了全部残余轴向推力，一旦发生损坏，就有可能引起通流部分动、静部件发生碰磨，造成严重的设备损坏事故。目前对汽轮机转子轴向推力的计算方法尚不能做到非常精准，因此推力轴承的检修有其特殊性。

汽轮机推力轴承有固定式瓦块推力轴承与可倾瓦块式推力轴承两种形式。固定式瓦块推力轴承通常用于给水泵汽轮机等小容量机组，大机组普遍使用可倾式瓦块推力轴承。

1. 推力瓦的主要参数

（1）瓦块的内径和外径：

1）瓦块的内径。

$$D_1 = (1.1 \sim 1.2)d$$

式中 d——轴颈。

2）瓦块的外径 D_2 根据轴承填充系数（即推力瓦块有效工作面积与理论环形面积之比）和所需瓦块总面积确定。

瓦块总面积

$$A = k\frac{\pi}{4}(D_2^2 - D_1^2)$$

式中 k——填充系数，对于可倾瓦块，取 $k = \frac{3}{4}$。

（2）瓦块和推力盘的厚度。一般瓦块厚度 $H_w = (0.35 \sim 0.5)L$。

推力盘厚度 $H_t \geqslant 0.35L$。

式中 L——瓦块平均直径的弦长。

（3）许用平均压强 $[P_m]$。对于可倾瓦式瓦块压强 $[P_m] = 1 \sim 2.5\text{MPa}$。最大允许瞬间压强 $[P_m]_{max} \leqslant 4\text{MPa}$。

2. 主机推力轴承

主汽轮机使用最广泛的是金斯伯雷（Kinsbury）式推力轴承。这种推力轴承的摆动瓦为点支承，支承在杠杆均衡系统上，当个别瓦块高出其他瓦块而且载荷增大时，中间垫块可围绕摇摆中心摆动下降，并向邻近瓦块分载。这种推力轴承的优点在于能将由于瓦面高低不齐造成的载荷不均匀进行自动调整，达到各瓦块均匀承载的要求。

图 1-19（a）为传统金斯伯雷推力轴承的瓦块布置方式。图 1-19（b）为改进型瓦块布置方式，它与传动式瓦块布置方式不同之处是使第一排垫块和第二排垫块的支撑面处于同一平面，减少甚至不存在上下排垫块接触摩擦力对支撑点产生的摩擦力矩，从而使杠杆系统的自动均衡性能进一步改善。

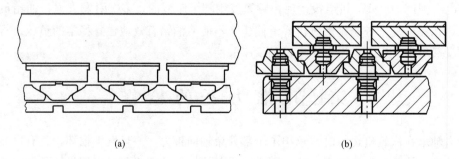

(a)   (b)

图 1-19 金斯伯雷推力轴承瓦块布置方式及改进型瓦块布置方式示意图

(a) 传统金斯伯雷推力轴承的瓦块布置方式；(b) 改进型瓦块布置方式

为了使杠杆均衡系统得到较佳的自动均衡作用，瓦块一般不超过 10 块，最佳由 6～8 块瓦块组成，推力轴承的承载面是一个与转子轴线垂直的同一个平面中的光滑平面。每块瓦块在运行中承受的推力应基本相同。因此推力瓦解体后，须认真观察每块瓦块乌金面上的工作印痕大小是否一致，如发现有不一致现象，说明运行中瓦块负载不均，需要在组装检查时给予复查。

比较推力轴承与径向轴承可发现，径向轴承轴颈沿轴向各点的线速度完全一致。而推力轴承由于结构原因，瓦块的外圆处推力盘的线速度比内圆处的线速度高很多，因此油膜力的状态要比径向轴承情况复杂。

按照设计理念可倾瓦块式推力轴承，最高瓦温区域通常在瓦块沿径向高度及顺转向的圆弧上各 75％的交点处，这一区域的瓦块温称为"t_{75-75}"温度区，如图 1-20（a）所示。但现场发生的推力瓦产生高温磨损的实际位置，几乎全部如图 1-20（b）所示，位于瓦块出油侧平均直径处，理论与实际情况有差别。

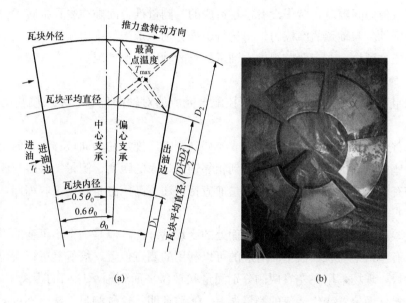

(a)   (b)

图 1-20　推力瓦块磨损

（a）"t_{75-75}"温度区；（b）位于瓦块出油侧平均直径处

基于同样原因，推力盘的光洁程度对推力瓦运转的影响，亦比轴瓦对轴颈更为敏感。因此检修中对推力盘的清理应格外注意。如发现推力盘有划伤现象，应用细油石仔细打磨，慎用砂带清理，推力盘的平面晃度也应严格控制在标准范围内。

当推力瓦因为损坏需要更换备品时，需要对备品瓦进行全面的检查，测量厚度差、进行编号。将检查合格的瓦块逐一放在精密平板上，检查瓦块乌金面的接触情况。根据检查结果进行修刮，使每块瓦块的乌金接触面积均大于 75％，且均匀。将修刮好的瓦块，清理干净，下瓦就位后放入转子，扣上半瓦组合好，转子向被检查的推力瓦一侧靠足，使推力盘紧贴在瓦块上。盘动转子数圈，取出瓦块检查乌金面接触情况。每块瓦块均应接触，且接触情况基本相同，如达不到标准要求，对接触偏重的瓦块乌金面再次进行修刮，修刮后放入轴承座内与转子进行接触复查，如此反复，直至各瓦块接触痕迹均匀为止。应注意，经检查、测量及在平板上修刮后的瓦块，在与转子的推力盘进行配合接触检查时，一般不应有很大的偏差。如接触差别很明显，应先查找原因不要急于修刮。

3. 测量推力轴承间隙

测量推力轴承间隙时，推力轴承在组合状态下，用千斤顶分别向前、后顶动转子。为了避免产生测量误差，在转子靠近推力轴承轴向的平面上，左右各架一只百分表，分别读出转子向前、向后顶足时百分表的读数，读数之差即为推力间隙。为了确认转子是否顶足，在顶转子时，在推力轴承外壳的轴向另外架设一只百分表，在顶转子时使推力轴承外壳产生微量的轴向弹性变形，以此为据，判断推力瓦块是否被顶到了极限位置。

有些机组运行中轴向位移的指示超过推力间隙上限，但推力瓦温度正常。发生这种情况往往是测量推力间隙时，转子没有推足造成的。测量推力间隙往复顶推转子时，顶推的力量仅需克服轴瓦与轴颈的摩擦力，与运行中推力轴承承受的推力相距甚远，因此测量时为确保转子顶推到位，一定要监视推力轴承外壳的轴向变形情况。

4. 差胀的测量的注意事项

当轴承组装基本结束，由机务与热控配合完成的对轴向位移、差胀校验的工作十分重要。

校验前首先应确认，转子已固定在或换算到制造厂规定的轴向位移为零的位置上。然后在各轴承座内，逐个测量联轴器平面到相邻轴承端面的距离。测量结果应与原始记录进行比较，如有较大差别应查明原因（测量前应特别注意高压缸是否完全收缩回，即前轴承箱是否复位）。

用于检验与监视差胀变化的轴承端面处的测量基准面，应是一个不可变的平面。由于结构原因，有些机组与联轴器平面对应的可以利用的测点位置，恰好是可以自位的轴承球面。许多时候，现场采用在左右两侧分别测量联轴器平面到轴承球面的距离，取平均值，借以消除由于球面位置变化造成的测量误差。实践证明，这种测量方法是不可靠的。为了确保测量结果准确无误，这种情况下应在相应的轴承座内合适位置上，安装永久固定的专用"测量靶"。每次检修都以此为基准测量联轴器位置。在轴承座及"测量靶"处，应用钢印标记出测量点。转子每次测量时，都固定在以危机保安器飞出端为标识的统一位置上。这些测量数据不但是本次检修差胀的效验依据，而且是下次大修之前每次检修都要使用的校验依据。

鉴于这些数据的重要性，每次测量都应由两个人分别进行，以防发生测量错误。现场曾经发生过差胀指示损坏，由于之前没有认真测量相应的联轴器位置，无法对差胀进行校验只能待机组冷却后，再重新定位，耽搁了许多时间。

第八节　抬　轴　试　验

1. 顶轴油孔的检查与修理

对于具有顶轴油孔的轴承，我们测量顶轴油潭面积时会发现，油潭面积与顶轴油压的乘积所产生的作用力大大低于转子质量，它是不足以顶起转子的。实际上，顶轴油是需要在顶轴油潭的周边区域内产生一个压力区，才能产生足够的作用力顶起转子。以有两只顶轴油孔的轴瓦为例，顶轴油泵开启后，在顶轴油孔四周会产生如图 1-21 所示类似葫芦状的"压力区"，只有这样才能使其产生足够的作用力顶起转子。很多电厂检修时只注意顶轴油潭四周缺口的处理，通过以上论述

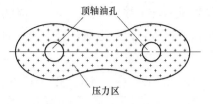

图 1-21 顶轴油示意图

我们应清楚地了解到，整个"压力区"都不应有穿槽、缺口等缺陷。否则都将会影响转子顶起。

2. 顶轴油管冲洗

前面叙述已经讲到抬轴工作的重要意义。轴承组装工作结束后在连接顶轴油管之前，如有条件应先启动顶轴油泵对各个轴承的顶轴油管逐个冲洗。通常顶轴油泵的进油管，是接自润滑油泵出口管的。欲启动顶轴油泵，必须先投运润滑油泵。所以常规情况下是无法对顶轴油系统进行冲洗的。

顶轴油泵经过检修，系统难免受到污染。与润滑油系统不同，形成油膜的润滑油只是进入轴承润滑油的中一小部分，因此进入轴承的润滑油内的异物，并非必定进入油膜内损坏乌金面。但顶轴油孔内的异物则是百分之百会进入到油膜区域内的，造成损坏是必然的。因此顶轴油系统的洁净是至关重要的。

有的电厂为了方便检修，在不投运润滑油泵的情况下也可以启动顶轴油泵。自油箱至顶轴油泵进口接一路进油管，如此，在不开启润滑油泵的情况下亦可以启动顶轴油泵，为冲洗顶轴油系统提供了方便。同时，由于可在不盖轴承盖的情况下投运顶轴油泵，也为检查顶轴油管与轴承连接是否严密不漏提供了条件。因此，对于低位布置顶轴油泵的电厂，可以考虑增加一路无压进油管，供检修期间使用，工作量很小，作用很大。但需注意确保油质的清洁，不能将沉积在油箱内的"垃圾"吸入顶轴油泵。

3. 抬轴注意事项

做抬轴试验时，首先对各瓦逐一抬高，抬起高度通常在 0.06～0.10mm，最低为 0.03～0.05mm。根据轴颈顶起高度整定顶轴油压力，一般为 10～14MPa。随后抬高相邻轴承，并观察相互影响，再予调整。做抬轴试验时应注意，不应只在轴颈顶部架设百分表，在轴颈的侧面也应架设百分表。观察轴颈抬高时向两侧偏斜的情况。如果机组装有振动在线监测系统，可以直接通过轴心位置图，读取抬高试验时轴颈全方位的位移情况。

圆柱瓦或椭圆瓦等固定瓦，顶轴油孔是沿着转子轴向布置的，轴颈被抬起后向两侧偏斜的可能性较小。但可倾瓦在左右两侧各有一块瓦块时，顶轴油进入瓦块的油管大多数没有分门，通过同一根母管再由两根支管分别进入两块瓦块。顶轴油先进入靠近顶轴油母管一侧瓦块，再进入对面瓦块。顶轴油压力虽然很高，但流量很低，因此进油方式会影响瓦块的油量分配。这个差别虽然微小，但在现场确实发生过由于转子被顶偏到同一侧造成盘车投入困难现象。

如果细心观察会发现，有时解体的数道轴承同一侧瓦块有发黑且光亮的印痕，这同样

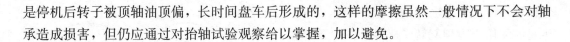

是停机后转子被顶轴油顶偏,长时间盘车后形成的,这样的摩擦虽然一般情况下不会对轴承造成损害,但仍应通过对抬轴试验观察给以掌握,加以避免。

第九节　油质清洁问题

一、滤油

某厂 20 世纪 70 年代全进口机组,运行至今轴颈仍然光亮如新,轴瓦乌金面加工刀痕清晰可见,令人感叹。如何做到的呢?当然是自制作、安装、滤油全部过程中对油系统的清洁工作自始至终高度重视。油管出厂前,由制造厂严格把控,确保出厂的每一根油管洁净无瑕。安装时由施工单位与电厂严格把控,认真按照要求踏踏实实地做好每一步工作。机组投运后每次检修,都能长期坚持不懈地按要求做好油系统的清洁工作。我们应承认,油系统及油质清洁问题不是技术问题,而是管理问题。

下面介绍一下该机组安装及检修时是如何做好滤油工作的,以供借鉴。

1. 安装滤油

安装时制造商提供的油管出厂时经过充分的冲洗、酸洗、钝化处理,保证管内清洁。每根油管端部均有塑料专用封头保护,防止污染。经过彻底的清洁处理的油管,在良好的状态下发送到现场。油管安装前 30min 方可拆除封头。

现场的装配、焊接过程中清洁要求很高。为了减少焊接过程中产生的氧化皮,所有油管均为套接接口。即只有角焊缝,无对接焊缝。全部焊接均采用氩弧焊。

虽然安装过程中对清洁要求很高,制造厂认为仍难免污染。因此,对安装后油系统的清洗要求做了非常详细、明确的规定。

该机组机型为两缸、两排汽,共有 7 根轴承。每根轴承进油管,靠近轴承箱处装有斜插式检修滤网。回油母管上装有回油总滤网。油冲洗分两个阶段进行。

(1) 第一阶段油冲洗。

1) 大流量冲洗。第一阶段冲洗时,各轴承均不进油。方法是 1 号瓦的 4 根进油橡皮管拆除,用闷头堵住其中三个油口,留下远端油口出油不堵,使润滑油直放油箱。推力瓦两根进油橡皮管拆除并用闷头堵住。2 号瓦旋转一角度,使轴瓦进油口与轴承座进油口错位,堵住下瓦进油口,亦使润滑油直放轴承箱。3～6 号瓦,上瓦不装,在下瓦中分面进油口处加装带有流量调节阀的旁路管,同样使润滑油直放轴承箱。3、4 号轴承盖暂时不盖,用临时罩壳代替。5、6 号瓦上部小端盖暂时不盖,用纸板代替,以便在冲洗中调节各瓦油量,控制油泵电流不超限。7 号瓦在进油法兰处加装带有调节阀的临时油管,通到7 号瓦回油管。各道轴承检修滤网内放置 120 目网芯。

2) 油管敲打要求。启动电动油泵,开始大流量清洗。冲洗时油温按照图 1-22 所示的要求控制,同时按照图示要求对油管进行敲打。按规定,敲打应在油温冷热变化时立即进行,特别是油管的现场焊接、连接部位要求仔细敲打。

3) 验收方法。每 8h 清洗一次检修滤网,取出滤芯,收集滤芯上的垃圾,滤芯清理干

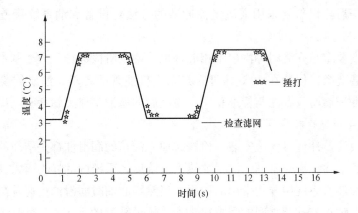

图 1-22　油管冲洗要求

净后装复。每次清扫出的垃圾立即烘干、称重，做好记录。如此反复冲洗直至每小时各滤网（包括主油箱回油及各轴承滤网）垃圾总量额定值≤0.02g/h，（限制值≤0.1g/h）纤维物单根长度≤1.6mm，软粒可用手指碾碎，硬粒的最大直径在 0.12mm 以下，固体物质收集物揉成团的直径≤1.6mm。且连续 2～3 次检查都达到上述标准，第一阶段冲洗结束。

（2）第二阶段油冲洗。第二阶段油冲洗前各瓦恢复正常，各轴承正式扣盖，进油检修滤网改用 200 目滤芯，开始第二阶段油冲洗。油冲洗开始后，即昼夜进行滤网清洗，油冲洗过程中油温应保持 50℃左右。第一天每 8h 清洗一次，连续清洗 6 次后，若垃圾量无异常则改为每 12h 清洗一次。每次将清扫出的垃圾立即烘干、称重，做好记录。第二阶段油冲洗合格标准：每小时各滤网（包括主油箱回油及各轴承滤网）垃圾总量额定值≤0.01g/h，（限制值≤0.05g/h）硬质粒子直径≤0.12mm。软性垃圾纤维单根长度≤1.6mm，所有垃圾搓成团的总直径≤1.6mm。与第一阶段一样，连续 2～3 次检查都达到上述标准，第二阶段冲洗结束。油冲洗结束后，各轴承进油滤网和回油总滤网拆除，系统恢复正常状态。整个油系统冲洗过程大约耗时 1 个月。

2. 检修滤油

机组每次检修时，按照检修级别对油系统冲洗、滤油。

（1）A 级检修滤油。A 级检修，在各轴承不解体的情况下，油冲洗时 1～7 号轴承均直接进油，不走旁路，同正常运行状态一样。主油箱回油总滤网加装 200 目滤网，各道轴承检修滤网内加装 200 目网芯。滤油第一天每 8h 清洗一次检修滤网的滤芯。冲洗 24h 后，若收集物无异常，可改为每 12h 清扫一次滤芯。油冲洗合格标准与安装第二阶段冲洗标准相同，即每小时各滤网（包括主油箱回油及各轴承滤网）垃圾总量额定值≤0.01g/h（限制值≤0.05g/h）硬质粒子直径≤0.12mm。软性垃圾纤维单根长度≤1.6mm，所有垃圾搓成团的总直径≤1.6mm。与第二阶段一样，连续 2～3 次检查都达到上述标准，滤油结束。各轴承进油滤网和回油总滤网拆除，系统恢复正常状态。

（2）B 级、C 级检修滤油。B 级、C 级检修后，由于油管道系统管路及轴承，经过检修，设备和系统管道内不可避免地受到污染，残存诸如尘土及各种碎屑等异物。所以油系

统设备检修完毕后，仍需要采用大流量油冲洗的方法对设备和油系统管道内部杂物进行冲洗。

油系统冲洗要求与安装时冲洗要求相似，也分两个阶段进行。方法基本相同，只是润滑油温度无变温要求，保持在50℃即可，亦无敲打油管的要求。油质的验收标准，与安装时两个阶段冲洗后验收办法与标准相同。检修后的滤油工作大约耗时一周。

3. 当前滤油普遍存在的问题

（1）关于大流量冲洗。无论安装、检修时加入油箱的润滑油都是洁净的。尤其是安装时使用的新油，洁净程度非常高。润滑油放入系统后，系统内的异物落入油中，滤油的过程就是通过润滑油将系统中异物带出的过程。当然，滤油时润滑油流速越高，带出异物的能力就越强。但轴承与轴颈之间的间隙很小不会超过轴颈的 $1.5‰$，润滑油只能从轴瓦与轴颈之间的缝隙中"挤出"。严重影响润滑油流量、流速，因此将其短路，不受轴承节流影响，冲洗效果将明显提高。相比之下国内机组安装时，亦采用大流量冲洗。但检修时则几乎都不使用大流量冲洗。

（2）润滑油清洁度检验。将润滑油携带出来的异物有效地收集起来，也是一项很重要的工作。所有的滤网都能有效地拦截油中异物，是毫无异议的。但是大部分滤网都不具备收集与存储异物的能力。润滑油中的异物被滤网拦截后，附着在滤网上，一旦油泵停止运行，润滑油如同退潮一样退下，必将携带着大部分异物回流，冲洗多时的效果被大打折扣（这也是PALL滤油机市场上很受欢迎的原因，该滤油机由于滤芯的结构关系，垃圾进入后就不会再逃逸）。与此对比，虽然我们所有机组检修后都进行滤油，但相比之下粗略了很多。几乎没有哪家电厂在滤油时将轴瓦进出油口短路的，且绝大部分机组都没有安装检修滤网。从使用效果看来检修滤网一个简单有效地装置，其结构如图1-23所示。

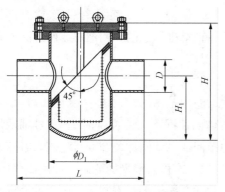

图 1-23 润滑油检修滤网

滤网内装有可更换的斜插式滤芯，在套装油管上也可加装。该滤芯斜口迎着进油方向，进入网芯的润滑油自内向外流出，因此进入滤芯的垃圾，即被保存在其中，即使油泵停下后，润滑油回流时，垃圾亦不会逃脱。检修结束后滤芯取出，滤网进出油口恢复直通。

没有安装检修滤网的机组，滤油后通常采用在油箱底部取样的方法检查滤油效果。

某台机组安装时在每个轴承的进油管上都加装了检修滤网，但未按照上述的方法滤油。为了提高油系统清洁程度，该机组也采取了很多措施，包括将各轴承进出油管在轴承箱外直接连通，冲洗时间长达数月。

启动前在油箱底部取油样化验清洁度达到MOOG5级，但在拆开检修滤网检查时发现每只滤网内都有异物，最大的金属硬颗粒直径约3mm。因为在长期的反复冲洗过程中从未拆过滤网，所以当时认为异物可能是早期冲洗时的遗留物，因油质已经合格可不必再滤油。出于慎重，决定再将滤芯放入连续滤油 8h，再次取油样检查油质仍然合格。但拆开滤网检查，滤网内仍有明显垃圾，润滑油流量最大的推力瓦处滤网垃圾最多。

另有一台大修的机组（该机组亦未装检修滤网）解体后发现，发电机前后轴瓦的乌金和轴颈严重划伤。采用现场车削轴颈的方法，去除其表面的损伤，更换了两个非标轴承。鉴于运行中轴承发生了严重损伤，因此机组启动前反复滤油。经多次在油箱取油样检验，油质合格后启动并网。运行月余因电气问题停机检查时，发现这两只轴瓦表面又发生了明显的划伤。

对比试验证明，这两种对油质清洁程度的判断方法，用滤芯内遗留物考量的方式更为可靠。油箱取样带有随机性质，但滤芯则不同，只要润滑油内有垃圾就一定会被拦截，且时间越长越准确。这也就是很多机组滤油后油箱取样化验合格，依然发生轴瓦乌金拉伤的主要原因。

二、在线滤油

机组大修后，油系统虽然经过了滤油清洗，但在运行中润滑油仍有可能再次遭受侵入污物和生成污物的污染。况且目前国内大部分汽轮机安装时以及大修后，润滑油系统的清洁程度尚有差距，未能达到优秀的标准。因此强化运行中的在线滤油很有必要。

旁路滤油装置是汽轮机润滑系统常用的过滤设备，种类很多。但旁路滤油装置的流量占润滑油总流量的比例很小（一般为 15%～20%），不能保证进入轴承的润滑油全部清洁。在线全流量滤油装置由于是全流量通过，因此能比较有效地控制机组运行中润滑油的清洁度。全流量滤油装置对过滤精度、压力损失、安全可靠性等技术方面的要求很高，因此可供选择的设备较少。当前国内较成熟的且使用较多的是集装式自动反冲洗过滤装置，该装置由若干个 ZCL-I 型自动反冲洗滤油器、箱体、管道、仪表盘等组合而成。滤油器垂直置于箱体内，见图 1-24。

滤油器工作时，全部油流从滤网外部径向通过滤网，过滤后的润滑油从滤油器底部的出油口流出，进入系统。同时有少量润滑油（约占额定流量的 3%）从滤油器顶部排出直接进入系统的回油管或油箱，构成排污机构工作回路，驱动滤芯内部油马达连续运转。随着润滑油的连续通过，润滑油中的杂质沉积在滤网的外表面，油马达驱动排污机构的两个叶片 A、B 交替运转，形成高压脉冲油流，从滤网内反向冲洗掉滤网外的表面沉积物，上述反冲洗过程是以顺时针方向逐个扇面周期性进行的，冲洗频率为 60～100 次/min。冲洗掉的污物随油流向下的主运动沉积到箱体底部，定期排放。滤油器出现故障且压力损失达到集成旁通阀开启压力差时，顶盖上的集成旁通阀自动打开，补充系统供油量。

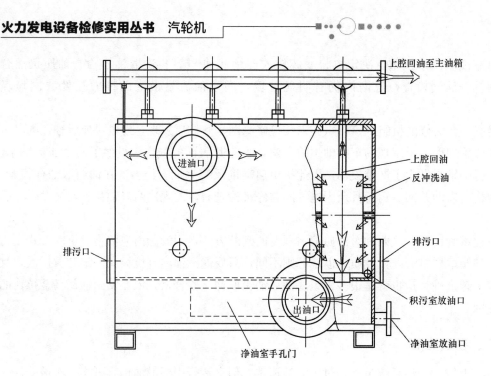

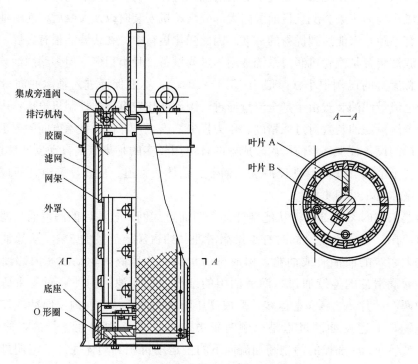

图 1-24 集装式自动反冲洗过滤装置

第十节 密封瓦检修

1. 密封瓦简介

目前，绝大部分汽轮发电机采用氢气做冷却介质。氢冷发电机均设有密封瓦，密封瓦的形式很多大同小异，采用数量最多的是单环式和双流环式密封瓦。双环式密封瓦结构见图1-25。

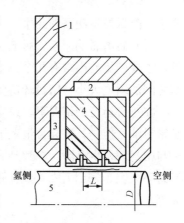

　　这种密封结构具有拆装简单、维修方便、短时间油压波动不影响正常运行等优点。氢气虽是一种良好的冷却介质，但有一个很大的缺点，即易燃易爆，所以发电机内氢气必须得到很好的密封。

　　发电机密封油系统就是利用油密封发电机内氢气的，以确保机组安全运行。整个发电机是一个密封的腔室，在前后轴端各设置了一个密封瓦。密封瓦与发电机轴颈有约0.25mm的径向总间隙，密封瓦的环形油腔内，略高于氢气压力的密封油，阻止氢气外溢。发电机内氢气压力在运行中有一定的变化，因此要求跟踪这一变化情况，始终保持密封油压略高于发电机内氢气压力，防止氢气外泄。发电机内密封油系统依靠压差阀和平衡阀，实现这一功能。

图1-25　双环密封瓦结构

1—密封座；2—空侧进油；3—氢侧

进油；4—密封瓦；5—主轴

　　由密封瓦的密封原理可知，密封环与发动机轴颈之间以及与瓦座轴向之间，均只能保持很小的间隙，才能防止氢气外泄。由于它们的间隙很小，如果检修质量不良极易发生密封瓦与发电机转子碰磨，引起碰磨振动。这是现场较多见的发电机异常振动，故密封瓦的检修是一项技术要求较高的工作。

　　2. 密封瓦检查要点

　　密封环拆下清理干净检查完毕后，稳妥地水平放置在平板上进行测量。密封瓦的测量工作是密封瓦检修的关键。密封环沿圆周方向分为若干等分，逐段测量等分线上每点的厚度。各等分点的厚度差不应大于0.02mm，用同样方法测量密封瓦座内侧宽度。瓦座的宽度减密封环的厚度，即为密封瓦的相对轴向间隙。密封环沿圆周方向分为12～18等分，用内径分厘卡逐一测出每个等分点处的内径，用外径分厘卡测量发电机转子安装密封环处轴颈的外径及椭圆度，椭圆度不应超过0.02mm。密封环的内径减去轴颈的外径即为密封瓦径向间隙的最大值与最小值。若间隙超标，应视具体情况决定处理方法。如果密封环失圆，仅垂直方向间隙超标，水平方向间隙符合标准后，若密封环的结构可以通过返厂处理"归圆"，仍可继续使用，否则应考虑更换备品。

　　无论是返厂处理后的密封环，还是备品均应严格按照上述的方法经过详细测量、检验符合标准后，方可使用。

　　密封环组装好密封面一侧向下，平放在精密平板上，用塞尺检查，密封面与平板的间隙应小于0.02mm。

　　密封瓦座上下半组装好，水平放置，用百分表检查上下半轴向不错口。密封环亦组装好放在瓦座内，用红丹粉检查其轴向接触应良好。若接触情况不理想，不要急于修整，这两个部件都是经过精密加工的构件，需要认真查找装配原因，再进行处理。

　　3. 密封瓦碰磨振动

　　密封瓦碰磨引起的振动现场发生较多，对密封瓦的振动机理的剖析，有助于提高检修质量，降低发生碰磨的几率。

（1）碰磨影响因素。影响氢冷发电机密封环与转子碰摩振动的因素比较复杂。一般来说，主要的影响因素有几个：转子表面与密封环内圈之间的动态间隙、密封环端面与密封座之间的阻尼大小、密封环所受到的密封油产生的轴向推力大小等。

在正常运行的情况下，发电机转子表面与密封环内圈之间有一定的间隙，间隙中充满了密封油，但是，在异常情况下，可能使转子表面与密封环内圈之间的动态间隙消失，转子与密封环发生碰磨。导致动态间隙过小甚至消失的原因主要有：密封瓦径向间隙偏小、密封环失圆、密封瓦处轴颈椭圆度偏大、轴颈晃度偏大、转子动平衡质量差动挠度偏大等。

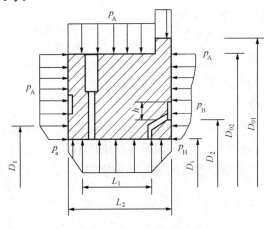

图 1-26　密封瓦受力分布图

（2）密封环端面摩擦力对振动影响。假设密封环与密封座之间不发生接触，或者这两者之间的接触面是完全光滑的摩擦力非常微小，密封环始终处于良好的浮动状态。在这种情况下即使转子与密封环发生碰磨，由于密封环能够顺畅地退让，必将大大减弱碰摩强度。

按照密封设计理念，密封瓦在支座的油槽中是可以自由浮动的，实际工作中，密封瓦的轴向接触面起到一个约束作用。图 1-26 为密封瓦受力分布图。

图 1-26 中，p_A 为空侧进油压力，p_B 为氢侧进油压力，p_H 为氢侧氢气压力，p_a 为空侧大气压力。密封环的尺寸用图示的符号表示。

密封油对密封瓦作用的轴向力（$D_1 \approx D_2$）为：

$$F_N = \frac{1}{8}\pi(D_{01}^2 - D_1^2)(p_B - p_A) + \frac{1}{8}\pi(D_1^2 - D_i^2)p_H$$

通过对密封环的受力分析可看出，密封环受到一个指向空侧的轴向推力。轴向推力 F_N 形成的阻尼作用，使得密封瓦的浮动性能变差，容易造成转子与密封瓦发生径向碰磨。密封环浮动时需要克服轴向推力 F_N 形成的阻尼作用，它的大小与密封环端面及密封座表面粗糙度、端面正压力及润滑条件等有关。因此，密封环端面与密封座之间的阻尼是发电机转子与密封环碰摩振动的重要因素。阻尼越大，碰摩振动的响应越大。

影响阻尼大小的主要因素有：密封环承受的轴向推力、密封油的温度和流动阻力、密封环端面的光洁度和平整度、密封油的清洁度。密封环与密封座之间的接触面越光滑，阻尼就越小。当密封油的清洁度下降时，特别是当密封油中混有固体颗粒时，阻尼作用明显增加。如果密封油中的固体颗粒尺寸与间隙的尺寸相当时，就可能使密封环卡涩，碰摩振动急剧上升。

（3）减少碰磨措施。经过上述的分析，我们可以比较清晰地了解到在密封瓦的检修过程中，应注意的有关事项。在检修中要高度重视密封瓦轴向接触质量，装复前接触面用油石认真打磨，一定要保持平整光滑，无任何凸起、毛刺。装复后，复查密封环在支座内是否活动自如。在密封瓦座中分面涂抹密封涂料时需注意，靠近密封环处涂料不可太厚，防止瓦座中分面螺栓拧紧后，涂料溢出流入密封环室内。现场曾发生过凝固的涂料嵌入密封环，造成强烈碰磨振动的教训。

此外密封油的清洁度也十分重要，特别是在清理刮片滤网时要格外注意，即使十分微小的异物也不能落入油室内。只有全面做好所有相关工作，才能使密封瓦的检修质量得到控制，使密封瓦既可以满足密封要求，又可以安全平稳的运行。

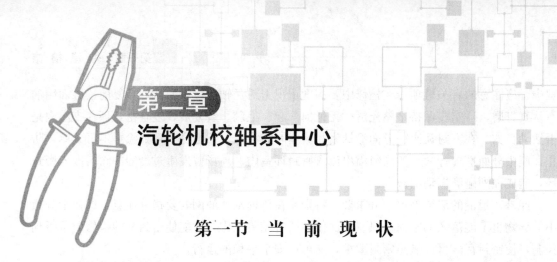

第二章
汽轮机校轴系中心

第一节 当 前 现 状

调整汽轮机轴系中心，是汽轮机检修的一项重要工作。当前国内各电厂在汽轮机检修中对这项工作的把握有很大的区别，一些电厂严格按照制造提供的技术标准对汽轮机轴系中心进行调整，但也有为数不少的电厂，检修时几乎不调整汽轮机轴系中心，或仅对个别轴承进行少量修正。理由是，按照制造厂的标准调整会造成振动恶化，且修前机组振动情况正常，为什么还要调整呢？

为了弄清产生这种现象的原因，需追溯一下历史情况，弄清事情的由来。早在 20 世纪 70 年代上海汽轮机厂设计的国产 300MW 机组投产前，国内还没有大机组时，各电厂检修时轴系中心都是严格按照制造厂的技术要求进行调整的。国产 300MW 机组投产后情况发生变化，因此首先需要回顾一下国产 300MW 机组的有关情况。

1. 上海汽轮机厂设计的国产 300MW 汽轮机滑销系统概况

该机组滑销系统示意图如 2-1 所示。上海汽轮机厂设计的 300MW 汽轮机。由反向布置的高压缸、中压缸和两个分流低压缸组成。所有轴承座均为落地式。1、2 号轴承座，即高压缸前及高、中压缸之间的轴承座，为滑动式轴承座，随高、中压缸的膨胀、收缩移动。中压缸与低压缸Ⅰ号缸之间的 3 号轴承座为固定式轴承座，是高、中压缸的死点。两个低压缸之间和Ⅱ号低压缸后亦为落地式固定轴承座。Ⅰ、Ⅱ低压缸各有独立的死点，分别设置在两个低压缸前端。高、中压缸为上缸猫爪支撑。汽缸与轴承座之间轴向连接，不

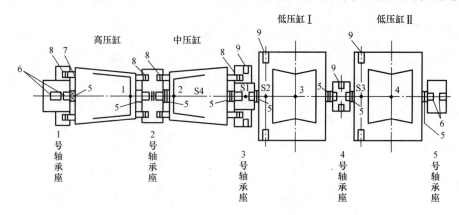

图 2-1 国产 300 MW 机组滑销系统示意图

1~4—内缸死点；5—立销；6—纵销；7—高、中压缸猫爪；8—猫爪横销；9—横销；

S1—高中缸死点；S2—低压Ⅰ死点；S3—低压Ⅱ死点；S4—推力瓦

是目前普遍采用的 H 形定中心梁的方式，而是通过下汽缸猫爪与轴承座之间的猫爪横销连接的，如图 2-2 所示。

2. 汽缸膨胀不畅问题

由于设计结构存在种种缺陷，当时这类机组高、中压缸普遍存在膨胀不畅的现象。正是由于膨胀不畅造成 1、2、3 号轴承座承受到很高的轴向力。高、中缸猫爪横销所在位置标高接近轴承座水平中分面，由于猫爪横销高位布置，猫爪将汽缸的推力或拉力传递给轴承座时，与轴承座底面的摩擦阻力形成力偶，造成运行中轴承座翘头。

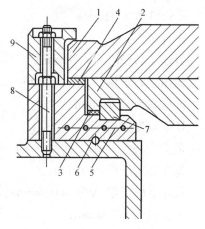

图 2-2　猫爪支撑示意图

1—上缸猫爪；2—下缸猫爪；3—安装垫片；
4—工作垫片；5—支撑块；6—定位销；
7—猫爪横销；8—支撑块螺栓；9—角销

翘头现象在 3 号轴承座反映尤为突出。由于中压缸后的 3 号轴承座是高、中压缸死点，该轴承座既要承担中压缸的膨胀或收缩的推力、拉力，又要承受推拉高压缸向前或向后移动的反作用力，因此承受的轴向推力最大。3 号轴承座是该机组横向宽度最大的轴承座，轴承座只有两侧外端设有底脚螺栓与台板连接，轴承座结构刚度与连接刚度均偏低，且中压缸向轴承座传递汽缸轴向推力或拉力的横销，与轴承座底脚螺栓横向距离大，轴承座受力后水平方向扭转现象十分明显。

汽轮机停机后检修时，如果猫爪横销不拉出，由于汽缸收缩不畅对轴承座依然保持很大的拉力，因此，轴承座翘头的现象不会消失。3 号轴承座内装有两个轴承，即中压转子后轴与低压Ⅰ转子前轴承（编号为 4，5 号轴承），两个轴承中心距仅 1.03m。汽轮机检修时吊出 3 号轴承座上盖后会发现，由于轴承座翘头 4 号轴承完全不承载，不需要抬轴即可以轻松地将下轴瓦翻出来，转子质量全部由 5 号轴承支撑。1、2 号轴承座亦有不同程度的类似情况，当然远没有 3 号轴承座严重，在这种状态下，怎么可能测量出真实的轴系中心数据，所以在调整汽轮机轴系中心前，必须拉出全部猫爪横销，消除轴承座翘头现象。这时会发现由于汽缸对轴承座的拉力消失，猫爪横销上、下键槽之间轴向将出现明显错位。中压缸猫爪键槽错位可达 3～4mm。1、2 号轴承座向后拉回复位后，各缸猫爪横销键槽错位方能消失。装复猫爪横销，汽缸、轴承座均恢复到自然状态后，在这个状态下检查轴系中心，才能获得供调整轴系中心使用的，反映轴系中心真实情况的数据。

3. 轴承座翘头问题对中心的影响

下面的数据是某电厂处理该型号机组汽缸复位前后测量的轴系中心记录。

在高、中压缸猫爪横销未拉出前测量轴系中心，记录如下。

高、中压中心参数如下：

中压转子低 0.235mm；

中压转子偏 A 为 0.185mm；

下张口为 0.11mm；

B 张口为 0.01mm。

中低中心：

低压 I 转子高为 0.92mm；

低压 I 转子偏 A 为 0.09mm；

下张口为 0.045mm；

B 张口为 0.02mm。

低低中心：

低压 II 转子低 0.01mm；

低压 II 转子偏 A 为 0.045mm；

上张口为 0.025mm；

A 张口为 0.01mm。

拉出各猫爪横销，高、中压缸复位后再次测量轴系中心，记录如下。

高、中压中心：

中压转子高 0.045mm；

中压转子偏 A 为 0.185mm；

下张口为 0.16mm；

B 张口为 0.02mm。

中低中心：

低压 I 转子低为 0.055mm；

低压 I 转子偏 A 为 0.085mm；

下张口为 0.02mm；

A 张口为 0.015mm。

低低中心：

低压 II 转子高低为 0.17mm；

低压 II 转子偏 A 为 0.02mm；

上张口为 0.04mm；

A 张口为 0.02mm。

这两次测量均为未对各道轴承进行任何调整的情况下测得的原始记录，高中转子中心、中低转子中心、低低转子中心都有十分明显的变化。为了更清楚地显示因为轴承座翘头引起的轴系中心变化，将汽缸复位前后轴系中心数据列在表内，见表 2-1（仅列垂直方向数据）。

表 2-1　　　　　　　　　　汽缸复位前后轴承中心数据　　　　　　　　　　mm

状态 \ 变化	"高中" 中心		"中低" 中心		"低低" 中心	
	高低	张口	高低	张口	高低	张口
拉猫爪前中心	中压转子低 0.235	下张口为 0.11	低 I 转子高 0.92	下张口为 0.045	低 II 转子低 0.01	上张口为 0.025

续表

变化 状态	"高中"中心		"中低"中心		"低低"中心	
	高低	张口	高低	张口	高低	张口
汽缸复位后	中压转子高 0.045	下张口为 0.16	低I转子低 0.055	下张口为 0.02	低II转子高 0.17	上张口为 0.04
变化量	0.28	0.05	0.975	0.025	0.16˙	0.015

从这些数据中可以清晰地看到，在轴承座翘头状态下对轴系中心测量数据造成了多么大的假象。变化最大者为中低中心，汽缸复位前后变化量达 0.975mm，其变化完全是因为轴承座翘头造成的。因为第三轴承座翘头最严重，因此两次测量的结果差别也最大。

一些电厂很快意识到了这种现象，因此也很快掌握了正确的检修方法。虽然大修时轴系中心的调整量颇大，但修后瓦温与振动情况正常。由于不对中引起的交变应力降低，轴系中心调整后盘车电流都有明显的下降。

4. 不调中心理念的产生

当时有相当一部分电厂完全没有意识到这个问题。在检修中忽略了消除轴承座翘头，汽缸复位这一步至关重要的工作。整个检修过程中，从没有拉出过猫爪横销。在轴承座翘头依然存在的情况下测量和调整轴系中心，其结果可想而知。由于被假象蒙蔽，因此在错误的基础上调整的中心，必然大大偏离技术标准；势必造成修后机组振动大、瓦温高、磨瓦。

遗憾的是，发生启动异常后，相关人员仍然没有按照正确的方向查找原因，反而错误地认为检修中轴系中心是不能按照标准调整的，只能做少许修正。这种理念被扩大延伸，推而广之形成了今天仍有不少电厂检修时不按照技术标准调整轴系中心的现象。

根据笔者在外国同行那里了解到的情况表明，似乎只有国内才有机组大修不调轴系中心的做法。客观上讲这种做法之所以能够延续到今天还这样做，在许多时候并没有发生明显的异常有直接的关系。这个问题涉及如何正确地看待轴系中心的调整。

第二节　正确看待校正轴系中心

1. 调整轴系中心的目的

究竟应如何看待轴系中心呢？这本应不是问题，鉴于当前的情况，仍有必要做一简单叙述。由于转子自身的质量，一根两端支撑的转子会有一定程度的挠曲。挠曲的程度主要取决于转子的质量、直径以及两个支撑轴承间的间距。以这种方式支撑的转子中心线不再是一根真正的直线，而是保持了一定的挠曲度，如图 2-3 所示，即在汽轮机运行时挠曲度仍保持不变。

这样就不难理解大机组的多根轴的情形了，这些轴所呈现的形状与轴承间的单转子的挠曲曲线相似，如图 2-4 所示。

这是重力作用的自然结果。当一根转子产生挠曲时，挠度应力会产生回复力以限制转

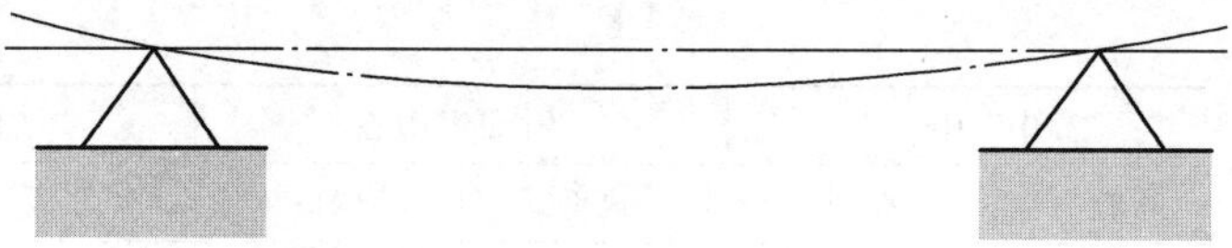

图 2-3　单轴挠曲曲线

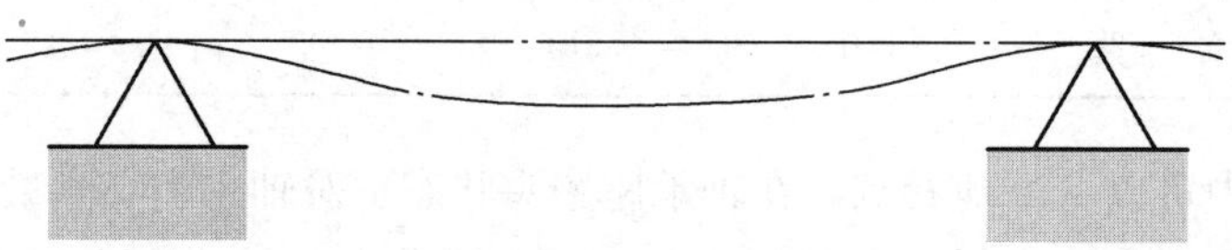

图 2-4　一系列轴的挠曲曲线

子挠曲。在汽轮发电机组中，这些自然应力是客观存在的，也是不可避免的。然而，由于轴系中心偏离正确标准造成的附加应力，则无论如何都应避免。

现场调整轴系中心，实际上就是按照制造厂规定的技术标准调整各道轴承的相对位置。对于刚性连接的对轮，不管轴系中心调整后偏差是否符合标准，转子的对轮是通过定位螺栓连接的，因此一般情况下，只要对轮定位螺栓拧紧后，被连接的转子即会自动保持同心状态。被改变的实质上是轴承的负载和轴系的曲线形态。

2. 中心偏差对轴承负载的影响

随着机组容量增大，通流面积增大，转子体积越来越大。我们可以直观地看到与小功率汽轮机比较，大机组转子的质量、长度、通流部分的几何尺寸增加的幅度，远比转子轴颈增加的幅度大得多。因而转子的跨外部分刚度比起转子的跨内部分刚度小很多。也就是说转子跨外部分比小机组相对更"柔软"。

在检修现场我们会发现，单侧少许抬高对轮时，由于转子并非"等截面梁"，转子的变形基本上发生在相对刚度低很多的轴颈伸出段，并非是整个转子产生"弧形"变形。现场曾对某台机做过检测，当低压转子对轮被抬高 0.50mm 时，轴颈及转子通流部分无任何变化，仅轴颈的伸出段变形，向上弯曲。

因此分析受轴系中心影响轴承受力情况变化时，可简化为以转子跨外变化为主。由于轴承座的刚度大大高于转子，亦可不考虑。仅计算轴颈伸出段的弹性变形，仍可以近似地反映轴承静载荷的变化情况。

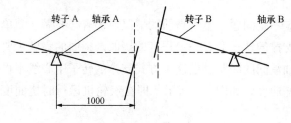

图 2-5　对轮中心外圆偏差示意图

为使问题简化，假设与之连接的转子 B 与转子 A 完全相同，将转子 A 对轮抬高 0.025mm，转子 B 对轮压低 0.025mm，外圆偏差消失。两只对轮向相反方向等量移动，张口不会改变。如此，转子轴颈伸出段弹性变形作用力，可视为修正外圆偏差后对轮连接后轴承负载的变化（图 2-5 虚线为连接后状态）。

$$F = \frac{3yEI}{L^3}$$

其中

$$I = \frac{\pi D^4}{64}$$

式中　y——抬高量，mm；

　　　E——材料弹性模数，kg/mm^2；

　　　I——横截面惯性矩，mm^4；

　　　L——支撑轴瓦至对轮长度；

　　　D——轴颈的直径。

当材料弹性模数为 $2.0 \times 10^4 kg/mm^2$；

抬高量为 $0.025mm$；

轴颈的直径 $450mm$；

支撑轴瓦至对轮长度为 $1000mm$，则

$$F = \frac{3 \times 0.025 \times 2.0 \times 10^4 \times \frac{3.14 \times 450^4}{64}}{1000^3}$$

$$F = 3.02t$$

张口偏差影响。依然是这两只转子，端面有 $0.05mm$ 的上张口，如图 2-6 所示。

A、B 转子轴颈伸出端等量降低，情况与讨论外圆偏差相同，依然是轴颈的伸出段产生弹性变形。根据几何原理可知消除 $0.05mm$ 张口，两侧对轮应分别压低 $0.031mm$。张口偏差消失，两只对轮向相同方向等量移动，外圆不会改变。同理，转子

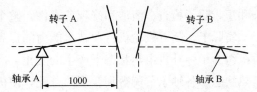

图 2-6　对轮中心张口偏差示意图

轴颈伸出段弹性变形作用力可视为对轮连接后，修正张口轴承负载的变化。依此计算

$$F = \frac{3yEI}{L^3}$$

$$F = \frac{3 \times 0.031 \times 2.0 \times 10^4 \times \frac{3.14 \times 450^4}{64}}{1000^3}$$

$$F = 3.74t$$

从上述计算结果可以看出张口影响略大于外圆。但应指出，上述转子轴颈的伸出段的长度仅稍大于对轮直径，在大功率机组中，轴颈的伸出段长度往往大于对轮直径很多，这种情况下，张口偏差的影响将比外圆更突出。

真实计算轴承支反力时许多条件是不能忽略的。这仅仅是提供一个相近的概念。但从中可以看出，对于一个 67t 的转子，轴系中心少量偏差对轴承负载的影响水平是较低的。这也是许多电厂长期以来不按照标准调整轴系中心，却未造成明显异常的主要原因。

3. 中心偏差与振动

检修现场复测修前轴系中心时，我们经常可以看到，机组经过一个大修周期的运行轴

系中心发生了明显的变化，原因是多方面的。例如，汽轮机的基础不均匀沉降，即使对于运行很多年的机组基础亦仍然在不断变化的，基础不均匀沉降的变化，势必对轴系中心造成影响。机组是在冷态的情况下调整轴系中心的。运行中机组基础的立柱、大梁以及轴承座受温度的影响，低压缸受真空的影响都将发生变化。待下次停机检修时，机组虽然又回到冷状态，但这些构件如此庞大，由于周边环境等因素影响，它们不可能完全复原到和以前一模一样。例如，支撑在 12m 高立柱上的机组运转平台，如果立柱有 $1/10^5$ 的高度变化，变化量约为 0.12mm。这个数量的变化对立柱是微不足道的，但对汽轮机轴系中心而言确是一个不能忽视的变化。当然这些差别并非是一一对应的，只是宏观说明变化是难免的。有时虽然机组轴系中心发生了变化，机组的振动情况并没有出现异常反应，这应与轴颈伸出段的"柔软"有关的，因为相对刚度低，轴系中心变化时对轴瓦负载的影响减弱了。同样原因，因为变形基本上发生在轴颈伸出段，对轴系支撑状态条件影响较小，对转子振型曲线影响亦较小。因此对机组振动影响的敏感程度较弱。

如此说来，是否证明，机组轴系中心是可以不按标准执行，在西门子 1000MW 机组安装说明中有一段话非常中肯：

"经验表明，运行中或多或少地会出现各种对轴系中心产生影响的因素，这些因素对中心产生明显的影响。目前这些因素的起因仍是个疑问，通过近年来大量的基础水平测量得到了一些结论，然而仍不能对转子中心变化的原因做出一个定论。汽轮机的大修时间有长和短，除了检查、清洁和修理各零件，整个汽轮发电机轴系都必须按照标准重新找中。"

实际上，随着汽轮机行业技术能力的提高，对轴系中心的技术要求也越来越科学，多数机组为了弥补机组热状态下产生的变化，冷态调整轴系中心时都考虑了补偿量。力求机组热状态下各轴承负荷得到合理的分配，使机组在运行中，轴系能维持一条连续光滑的曲线状态，将附加应力降低到最低水平。如此，虽然机组在启动过程中在未达到热稳定状态前的短时间内，需要承受由于补偿量给转子带来的附加应力，但在此后的长时间的运行中，此应力将降到最低水平。

例如，东方汽轮机厂制造的 1000MW 机组，调整轴系中心时要求中压转子比低压转子低 0.75 mm。如果这个补偿量是准确的，意味着机组启动时从冷态到热态的过程中，这两个相邻的轴承中心将发生 0.75 mm 的相对高差变化。该机组中压转子低压侧轴承至对轮悬臂长度长达 1.9m。这样设计的目的，就是为了通过增加轴端悬臂长度，降低其刚度，使对轮伸出端更加"柔软"减弱两根转子中心变化对轴承负载的影响。按照制造厂的设计要求，补偿量造成的中心变化，对轴承负载的影响不得超过轴承负载的 30%，从而使机组在变化的整个过程中都能够平稳运行。

这样的设计，由于增加了价格昂贵的转子长度，无疑付出了一定的代价。如果我们认为，既然机组已经具备对于较大的对于中心偏差的容忍能力，从而不按照制造厂规定的标准调整中心，那将是非常荒谬的，那么这种代价也就白白地付出了。我们调整轴系中心时，不能仅仅以不振动作为唯一的目标，按照标准调整轴系中心能够使机组热状态下各轴承的负荷分配更合理，且使转子热态下对轮中心偏差处于最低水平，也因此降低了附加交变应力，肯定是有益而不是有害的。一旦偏离标准，必定会对转子运行中各轴承负荷的合理分配造成不利影响。由于中心偏差，也一定增加转子附加的交变应力。不能认为只要没有引起振动，其他问题都可以忽略不计。国内某家电厂就是由于长期不按照标准调整轴系中心，造成对轮疲劳裂纹，教训十分深刻。当然不能武断的将对轮产生疲劳裂纹的原因全部归咎于轴系中心问题，但不能否认轴系中心偏差与促发裂纹的关联。

在现场实践中我们会发现，确有检修时按照标准调整轴系中心，修后启动振动大需要现场校动平衡，没有调整中心反而一切正常的现象。统计表明大修中无论是否按照标准调整轴系中心，大修后需要做动平衡的95%以上发生在低压转子上，鲜有发生在高、中压转子的。而轴系中心调整时低压转子的调整量往往是最少的。如果说振动与轴系中心调整量有直接关系，那么大修后需要做动平衡的，应是调整量较大的高压转子，而不是调整量较小的低压转子。因此将调整轴系中心与修后的动平衡联系在一起是不符合逻辑的。

当然对一些较早投运的机组，由于制造厂提供的标准本身有问题，会造成相邻的轴瓦负荷分配明显不均匀。当是例外。

第三节　校正轴系中心注意事项

一、校中心条件及调整原则

1. 校中心条件

（1）目前在线运行的汽轮机，与当年国产300MW机组已经完全不同，滑销系统有了很大改进，膨胀不畅问题已经基本解决。但在调整轴系中心前，仍然要注意汽缸的复位情况。尤其要注意检查前轴承箱是否存在翘头。对现场情况统计表明，检修时汽缸解体后，前轴承箱仍然存在翘头的情况绝非罕见。此时已在空缸状态，只要将下汽缸前轴承箱侧略微抬起瞬间，即可消除翘头。翘头消失后，方可以开始对轴系中心进行测量、校验。

（2）大修调整轴系中心时，汽缸各部套原则上都应吊入汽缸，并扣上上缸。对于采用座缸式轴承座的低压缸，一定要拧紧轴封两侧与轴承座之处间的螺栓，否则将影响轴系中心测量数据的准确性。此外，调整低压缸与发电机之间中心时，由于端盖对发电机壳的加强作用会使发电机轴承标高发生变化，因此测量、调整低电中心前，应组装好发电机上部端盖。

（3）大修调整轴系中心时，有些电厂习惯先进行一次半缸校中心。这次校中心一般安排在调整通汽部分间隙之前进行。待通汽部分间隙调整结束再进行全缸校中心，实践证明大部分机组两者之间会有差别。此时由于通汽部分调整工作已经结束，再调整中心，势必影响通汽部分间隙。在这种情况下，很多电厂为节省工期减小工作量，采取折中办法，即放宽轴系中心标准，减小调整量，借以缩小对汽封间隙的影响。其结果是不但多调整了一次轴系中心，且降低了轴系中心及汽封间隙的调整质量。增加了工作量，反而降低了检修质量，劳而无功。

实际上半缸调整中心，是汽轮机安装采用的作业方式，安装时台板、轴承座、汽缸、转子都要从原始状态开始定位。因此，首先通过半缸找中心对其初定位，然后再全缸校中心进行微调，循序渐进。大修与机组安装不同，台板、轴承座均已经定位，不可能在大修时对其进行调整。机组前一次大修是按照标准对轴系中心进行全面调整的。从某种意义上讲，本次检修仅仅是纠正机组经过一个大修周期的运行轴系中心形成的偏差，这个偏差量不可能很大，只是微调。因此引用安装的理念处理大修中发生的问题，显然是不恰当的。较合理的方式是，首先半缸测量一次轴系中心，紧接着测量全缸轴系中心，计算出两者的差别。根据全缸轴系中心测量结果进行差别修正，在半缸状态下进行调整。这样既避免了先半缸、再全缸先后两次调整轴系中心带来的弊病，又为修刮垫块，反复翻瓦提供了方便。

有些机组例如部分西门子某些机型，通汽部分没有汽封块全部是镶嵌式汽齿，调整汽缸洼窝就是调整汽封间隙，为避免合缸调整轴系中心时汽封发生碰磨，制造厂明确要求先调整半缸中心再调整全缸中心，则另当别论。

2. 校中心调整原则

大机组都是由多个转子组成的，各转子中心调整时是相互影响的，因此要有一个通盘考虑。调整时要兼顾到各个轴承的调整量，同时要考虑到各轴承的洼窝中心调整后偏心量尽量小些。以免给检修翻瓦增加困难。许多时候这些要求与转子扬度是矛盾的。如前所述，因为每根转子都有垂弧，轴系中心校好后，各转子均为倾斜状，一端高另一端低。每个转子都会产生一个自高端向低端移动的下滑力，即静态推力。静态推力的大小，与转子的质量及倾斜程度有关。高压缸转子将向发电机方向下滑，发电机转子将向汽轮机方向下滑，下滑合力为零的平衡状态，即为各转子安装要求的扬度状态。实际上转子的静态推力与转子工作推力相比可以忽略不计。但安装时与轴承座、汽缸扬度是彼此相关的，检修时不必一味苛求转子扬度，应综合考虑，选择恰当的、合理的调整方案。否则若因此加大了调整量，不但增加了工作量，还会为以后的检修带来麻烦。

二、轴瓦垫铁的修刮

1. 油挡洼窝中心测量的重要性

轴系中心调整结束后，需要认真测量各轴承的油挡洼窝中心。低压缸前后轴承座如为座缸式，全缸与半缸油挡洼窝中心会稍有区别，因此应在全缸与半缸状态下各测一次洼窝中心。测量油挡洼窝中心有三个作用。

（1）修刮轴瓦垫铁时，用以监视修刮过程中转子中心位置是否发生改变。

（2）利用假轴对通汽部分进行调整时，转子的油挡洼窝中心是确定假轴位置依据。

（3）当前大部分机组已经不配置桥规，我们可以将油挡洼窝理解为桥规的代用工具。一般情况下只有乌金磨损油挡洼窝才会变化。因此，油挡洼窝可以用来监视轴承乌金的磨损情况。

特别指出的是，新机组安装后各道轴瓦未经运行，均处在完好的出厂状态。此时测得的油挡洼窝中心是极为重要的原始记录。现场曾多次发现由于安装单位为了显示调整质量优良，有意杜撰安装记录，所有的油挡洼窝中心均为非常规整的同心圆，给后续与此有关联问题的分析、处理增加了很多本可避免的麻烦。因此机组安装时，电厂应有人亲自检验洼窝中心，这样做工作量并不大，但很有价值。

2. 垫铁修刮工艺要求

轴瓦垫铁承载着转子的质量，同时起到对转子定位的作用。垫铁接触不好将使轴承支撑稳定性下降，直接影响振动水平。而且极有可能在运行中使瓦座的垫铁接触面上形成腐蚀坑，进一步恶化接触质量。因此各块垫铁应均匀承重，且接触良好。

（1）校正轴系中心，调整轴瓦垫铁时，垫铁的调整量是根据垫铁中心线与轴瓦水平面的夹角计算的。由于垫铁是一个面，不是一条线，因此调整后垫铁与座面一定有张口。轴瓦向上调整会使垫铁下部出现张口，反之上部出现张口。为了避免修刮垫铁时轴瓦中心位置发生变化，造成返工。在修刮前应预先在垫铁内加调整垫片，所加垫片的厚度等于垫铁的张口值。修刮至接触符合要求后恰好使张口处间隙消失，这样做既可以保证修刮质量，又可以确保修刮后轴瓦中心位置不改变。修刮期间尤其在修刮末期，需经常复测油挡洼窝中心，以防修刮偏斜。

（2）当前修刮轴承垫铁普遍使用角向砂轮等电动工具，确实提高了工效，但不可否认也降低了垫铁修刮质量。因此建议垫铁修刮至与瓦座间隙小于 0.05mm 时，改用锉刀修刮。修刮至间隙基本消失需要进一步修刮接触质量时，使用铲刀修刮。如此，既可以提高工效又可以保障修刮质量。

（3）多年前机组检修，修刮垫铁时习惯于修刮完成后底部垫铁抽去 0.05mm 垫片，防止两侧垫铁紧力不足。随着机组轴承结构的改进，这种做法已经不合时宜了；但有部分电厂依然沿用这个习惯，这种做法将影响球铁与球面座的接触质量，容易造成轴承自位能力下降，使轴承乌金与轴颈接触不均匀，因此应改掉这种做法。

修刮质量良好的垫铁，经过一个大修周期的运行，垫铁及与垫铁接触的座面仍应呈现金属光泽，毫无锈斑。检修时要求每一块修刮后的垫铁都达到这样的标准。

三、不能用可倾瓦块调整轴承中心

有些电厂在校正轴系中心调整轴承时，为避免修刮垫铁，贪图方便，不调整轴承垫铁的垫片，而采用在图 1-15 中所示的可倾瓦瓦块背部调整垫块处，增减垫片的方法进行调整。鉴于有较多的电厂是这样操作的，因此有必要对这样做的弊端做适当的说明。

1. 轴承自激振动的机理

根据滑动轴承的工作原理可知，轴心的位移应等于作用在转子上的力除以系统的动刚度。当转子处于静止状态未形成油膜时，轴颈与轴瓦直接接触，轴承的中心 o 与轴颈中心 o1 的距离等于 1/2 油隙，如图 2-7（a）所示。

当转子以角速度 ω 旋转时，产生油膜压力使轴颈浮起，同时在油膜力的作用下轴颈中心 o1 会发生偏移。o、o1 的连线下方的油膜最薄，连线上方油膜最厚。沿着转子的转动方向油膜厚度逐渐减小形成油楔。在较低转速下由于轴颈中心 o1 偏移量很小，o、o1 的连线与垂线之间的偏位角 θ 亦很小，油楔产生的油膜力 F 与载荷 P，仍可近似视为大小

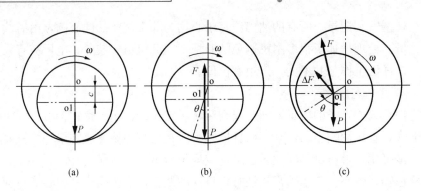

图 2-7　油膜失稳产生

相等方向相反平衡的两个力，轴颈如图 2-7（b）所示。

随着转速升高，轴颈中心 o1 偏移量逐渐增大（偏位角 θ 增大），油楔的位置随之变化，油膜力 F 的大小及方向也都将发生变化。与载荷 P 不再平衡，产生一个切向分力 ΔF，如图 2-7（c）所示。ΔF 在 o、o1 的切线方向且与转子的涡动方向一致属于失稳力。转速越高，轴颈中心 o1 偏移越大。切向力 ΔF 也越大。如果 ΔF 超过油膜的阻尼力，就会产生涡动，涡动发生后，离心力增大，轴颈中心 o1 偏移量又将增大。切向分力 ΔF 亦增大，进一步推动轴颈涡动，形成自激振动。

2. 不当的调整对可倾瓦的影响

由以上分析可以看出，随着转速升高，轴颈中心 o1 偏移，油膜力 F 与载荷 P 不再平衡，是轴承产生切向力的原因。可倾瓦的优点在于随着转速上升，其轴心的轨迹基本上是沿着图 2-7（a）中 o、o1 的连线垂直上升的，几乎不产生偏移（机组启动时，通过可倾瓦轴心位置曲线可以清楚地观察到）。

可倾瓦可以理解为沿圆周方向被切为数段，运转中可变形的圆柱瓦。由于瓦块是可以摆动的（变形），当转子转动产生油膜，油膜力向上顶起轴颈的同时，对瓦块产生一个大小相等，方向相反的作用力向下推动瓦块，给瓦块一个沿着支点旋转的力，如图 2-8 所示。

由于瓦块的旋转方向，与轴颈中心切向位移的方向恰好相反，而且推动瓦块旋转的力，与推动轴颈中心位偏移的力始终是同步发生作用的，因此阻止了轴颈中心位偏移。使每一块瓦块的油膜力始终都通过轴颈中心，避免产生容易引起失稳的切向分力。

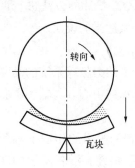

图 2-8　瓦块摆动
示意图

在当前所有的轴瓦中，其他轴承运行中几何位置都是不可能发生改变的。唯有可倾瓦具有这个特征，因此各个瓦块的相对位置是否正确非常重要。改变调整垫块厚度必将影响它的原始形态，改变了瓦块的同心度，运行中轴心位置就会产生横向偏移，从而减弱了可倾瓦固有的优点。

如前所述，检修时采用这种方法调整，机组投运后也许不会有明显反应，但它给轴承带来的负面影响是肯定的，必会降低轴承的稳定性及可靠性。因此调整轴系中心时，为了减少工作量，采取在可倾瓦调整垫块处加不锈钢垫片的方法调整轴承标高，显然一个错误的方法。即使调整量比较小，也不应这样调整。

3. 对不当调整的认识

很多人认为，调整瓦块垫片时，只要注意对称瓦块同时调整，即对称瓦块等量调整就不会产生影响。只要稍加分析就可以发现其中的问题，如图 2-9（a）所示。如果将可倾瓦块简化为质点，未调整前各瓦块呈等径的同心圆。将其中一只瓦块由 m 点移动到 n 点，从图中可以看出调整后，虽然各瓦块仍然是同心圆，但被调整的瓦块距轴心的半径改变了，与其他瓦块不再等径。由于瓦块是有宽度的，瓦块的曲率半径是已定的，因此实际上被调整的瓦块不但距轴心的半径改变了，圆心亦将改变，由 o 点移动到 o1 见图 2-8（b）。四块瓦块不再是等径、同心圆。破坏了可倾瓦每一块瓦块的油膜力，始终都通过轴颈中心的优点，也因而降低或丧失了防止失稳的能力。

某电厂 1000MW 机组可倾瓦磨损后发生涡动，曾有人就此对可倾瓦不易产生自激振动的问题提出质疑。笔者认为这个问题是可商榷的，磨损后的可倾瓦已经不再具备其固有的特点，在这种情况下的可倾瓦发生涡动应另当别论，不能混为一谈。现场曾经发生过，由于对瓦块进行不规范的调整，造成下部两块瓦块偏心，引起轻载瓦块的方向振动异常。

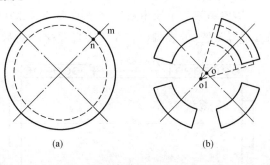

图 2-9　可倾瓦块调整影响示意图

总之，这种调整方式是不可取的，应坚决杜绝。由于某种原因一定要调整时，只能对所有的瓦块同时进行等量的向内或向外同方向调整，确保调整后各瓦块仍组成一个完整的等径、同心圆。

第四节　低电中心的调整

一、发电机定子固定方式简介

低、电中心的调整有其特殊性，大型汽轮发电机通常采用端盖式轴承，即轴承设置在发电机定子前后端盖上，发电机定子底脚螺栓与低压缸相似，其底脚螺栓亦拧紧在台板上，不同的是发电机底脚螺栓是通过内置的套筒拉紧在台板上。定子以其自重坐落在台板上，在垂直方向上是不固定的，底脚螺帽与发电机底脚保持 0.10～0.15mm 间隙，如图 2-10 所示。

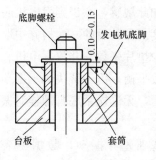

图 2-10　发电机底脚

底脚与台板之间装有调整垫片，发电机相对于低压转子中心的调整是通过改变调整垫片厚度进行的。按照制造厂安装理念，发电机铁心比机座短，质量又很大，欲使发电机中部的载荷，有效地分布到发电机机座两端的四角上。发电机底脚与台

板之间垫片应呈阶梯形布置，通过调整机座底脚下阶梯垫片调整载荷分配。梯形垫片的厚度依机座重力挠曲线形状从两端向中间依次递减。这样做的目的是使发电机底脚既能垫实，又不降低其刚度。垫片配置是否得当，对振动有直接影响。有不少电厂，都是在发电机调整底脚垫片后发生振动的。

某电厂经大修调整发电机中心，修后发电机振动增大，做底载试验，按照底脚应力分布放置垫片，仍无济于事。该发电机情况，具有一定的代表意义，以其实例作简单介绍。

二、某电厂发电机振动实例

1. 情况回顾

该发电机为上海电机厂生产的 QFSN-300-2 型 300MW 发电机。发电机定子中部无底脚，前后端部的底脚各有 6 只底脚螺栓，见图 2-11。

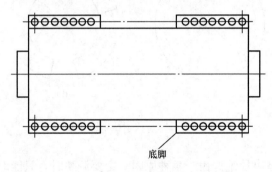

底脚

图 2-11　发电机底脚示意图

投运后轴系振动情况良好。首次大修，按照制造厂提供的标准调整低电中心，发电机前轴瓦端抬高 0.15mm，后轴瓦端抬高 2.08mm，调整时未按制造厂要求阶梯形放置垫片（安装时亦非阶梯形垫片）。

修后启动，发电机后轴承轴振 90μm，瓦振达 50~60μm，进行数次动平衡均不能有效降低振动。紧发电机后轴承处底脚螺栓，轴振下降至 60μm，瓦振动降为 40μm。一周后，轴振逐渐上升至 122μm，瓦振升至 90μm。试图再次通过拧紧底脚螺栓降低振动，操作时发现局部底脚垫片未垫实。靠近发电机端部（近端盖处）的底脚螺栓的松紧程度，对轴承振动的影响十分敏感。经反复调整螺栓紧力，最终将后端轴承的轴振动控制在 90μm 之内。其后多次发生发电机后轴承轴振动突升或缓慢爬升，采用迅速降负荷，调整无功、调整油温等手段有时能够阻止振动爬升，但无明显规律。期间发生过数次轴振突升，超过保护值跳机。

2. 处理经过

（1）提高地脚垫片质量。基于发电机底脚螺栓松紧对振动如此敏感，意识到发电机底脚垫片的放置质量不良，严重影响发电机底脚与台板的连接刚度。在其后的一次检修中取出发电机底部的所有垫片，将零散薄垫片更换为厚垫片，以减少垫片张数。并将发电机底部脱空的地方垫实，重新调整低压缸与发电机中心。修后再次校平衡，仍未解决轴承振动偏大问题。但发电机底脚垫片经过修整垫实，消除了局部脱空后，无论松紧底脚螺栓对振动均无明显影响。

（2）台板与基础差异振动。测量发电机机壳及台板与基础差异振动，数据见表 2-2。

表 2-2

发电机机壳及基础振动记录

单位：μm

A 排

位置	方向												
二次灌浆	垂直振动	30	26	25	26	25	23	13	9	7	10	4	18
台板	垂直振动	29	26	29	25	23	23	33	13	12	16	16	17
台板	水平振动	16	13	11	10	14	14	10	12	8	5	8	17
底脚	垂直振动	28	27	30	31	46	43	22	13	11	12	15	8
底脚	水平振动	21	17	16	12	26	33	30	18	17	13	28	29

发电机 A 排 1/2 高处（动侧）

方向		
垂直振动	48	26
水平振动	112	52
轴向振动	25	31
顶部垂直振动	50	24
垂直振动	66	45
水平振动	100	46
轴向振动	26	12

B 排

发电机 B 排 1/2 高处

方向					
垂直振动	22	25	26	28	17
水平振动	34	23	17	17	14
轴向振动	30	22	13	19	16
顶部垂直振动	29	25	21	22	16
垂直振动	31	22	12	16	4

位置	方向					
底脚	垂直振动	34	35	30	23	22
底脚	水平振动	4	19	12	18	21
台板	垂直振动	42	40	42	46	45
台板	水平振动	15	10	15	19	19
二次灌浆	垂直振动	41	44	42	49	52

测量数据显示，底脚、两次灌浆、台板的振动水平都较高。底脚最大振动为 $46\mu m$，台板最大振动为 $48\mu m$，两次灌浆最大振动达 $52\mu m$。台板与两次灌浆的振动都超过了底脚的振动。当时认为两次灌浆质量可能存在问题，但大修前发电机振动状态是良好的，两次灌浆质量不大可能突然发生变化。且处理两次灌浆工作量极大，决定结合第二次大修，做发电机底脚载荷试验，改善载荷分配质量，提高发电机与台板的连接刚度。电转子返厂动做平衡。

（3）发电机底脚载荷试验。为提高底载荷分配质量，机组第二次大修时，做发电机底脚载荷试验前将发电机底脚垫片全部抽出，使发电机底脚直接坐落在台板上检查接触情况。发现多处未贴合，但最大间隙未超过 $0.15\sim0.20mm$，没有大片脱空的情况。校调低电中心时底脚垫片按照阶梯形放置，然后进行发电机底脚载荷试验，表 2-3 为调整负荷分配前的底脚载荷分布情况。

表 2-3　　　　　　　　　　　底脚载荷试验前载荷分布　　　　　　　　　　　%

位置	汽端				励端			
	1	2	3	4	4	3	2	1
标准值	60	20	10	10	10	10	20	60
A排	15	23	30	32	16	2	16	66
B排	60	17	5	18	13	2	10	75

试验结果表明，机座四角各角载荷分布与制造厂的设计要求相差较多，尤其是汽端A排第一只底脚处，标准为 60％实测仅为 15％。经数次调整，机座各项载荷达到要求，见表 2-4。

表 2-4　　　　　　　　　　　底脚载荷试验后载荷分布　　　　　　　　　　　%

位置	汽　端				励　端			
	1	2	3	4	4	3	2	1
A排	62	22	11	5	4	7	21	68
B排	62	24	13	1	3	7	23	67

（4）电转子返厂进行高速动平衡。为提高发电机转子的平衡质量，电转子返厂进行高速动平衡，动平衡结果表明转子一阶、二阶振幅均不大，发电机转子本身残余不平衡分量很小，转子平衡质量良好。借返厂机会，为排除电转子因电气问题引起的热不平衡，做热态交流阻抗试验，试验结果表明，电转子不存在匣间短路现象。

（5）处理后振动情况。尽管发电机底脚垫片，按照阶梯形要求放置，且通过试验将底脚载荷分布调整到标准范围。但修后发电机后轴承轴振仍偏大，与修前相近。发电机台板与基础差异振动，仍未改善。检测过程中发现支撑发电机的框架梁存在较大的振动，用手持式振动仪测得发电机炉侧中部框架梁的垂直振动达到了 $42\sim46\mu m$。加装 TSI 瓦振探头对 B 排中部框架梁进行测量，垂直振动的工频值竟然达到了 $49\mu m$。发电机落座在 12m 平台的框架梁上，框架梁为 $3m\times3m$ 的钢筋混凝土构件，框架梁由底部 4 根立柱支撑，立柱深入地下 40m，地下部分由钢筋混凝土构件与立柱连接也形成框架结构。框架梁属刚性支撑，立柱属柔性支撑。发电机整个支撑系统应具有足够刚度，避免受高速运行的转子影响产生振动。但是发电机炉侧励端的框架梁垂直振幅与发电机底脚振幅完全一致（最大处均约为 $50\mu m$），即这段框架梁明显受到了发电机振动的激发产生共振，框架梁没有起到应有的阻尼作用，减弱发电机底脚的振动，反而被发电机底脚振动激发也维持较高的振动水平。因此当时感觉发电机基础本也身存在缺陷，造成发电机 B 排框架梁发生共振，图2-12为框架梁振动示意图。

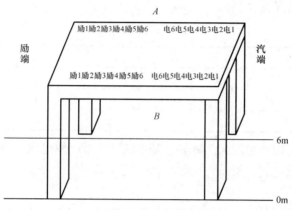

框 架 梁 振 动　　　　　　　　　　　　mm

名称	励 1	励 6	中间	电 6	电 1
框架梁底部 A 排垂直振动	0.005	0.011	0.011	0.01	0.007
框架梁底部 B 排垂直振动	0.019	0.034	0.042	0.041	0.016

支 撑 柱 振 动　　　　　　　　　　　　mm

名称	励 A	励 B	电 A	电 B
支撑柱水平振动 6m	0.009	0.01	0.005	0.005
支撑柱水平振动 0m	0.005	0.009	0.005	0.003
支撑柱轴向振动 6m	0.011	0.014	0.008	0.004
支撑柱轴向振动 12m	0.006	0.011	0.004	0.006

图 2-12　框架梁振动示意图

　　为弄清楚框架梁的振动，与多家土木工程单位联系，了解到基础振动测试费用很高，即使澄清了基础存在的问题，处理难度也极高。最终决定还是尝试在机械方面着手改善振动。

　　对发电机壳进行详细的外特性试验，发现定子各部位振动情况差别明显。定子中部没有底脚的部位振动大于两侧端盖，且炉侧大于机侧。鉴于这种情况，决定再做一次发电机底脚载荷试验。试验前再次取出全部发电机底脚垫片，检验发电机底脚与台板的接触情况。令人惊异的是定子发生了明显变形，定子两端翘起呈反弓形。两端翘起部位最大间隙由上次检修的 0.15～0.20mm 增大至约 1mm。原因十分明显，前一次底载试验，按照制造厂底载试验的要求，定子两端承载发电机质量的 80%，且主要由 1、2、3、4 号撑脚承载，而靠近发电机中间部分的 5、6、7 号撑脚不承载。变形在这样的支撑条件下，如果定子刚度不够，变形是不可避免的。发电机的定子结构近似为一个大直径薄壁管，实践证明，定子刚度远远满足不了这种支撑方式的要求。运行当中，中间未充分支撑的部分逐渐下沉造成定子呈"反弓"形变形。针对这样的情况，再次做底脚载荷试验时，将 4 号撑脚的 10％负载转移至 5 号撑脚（底载试验装置仅有四个测量点），适当增加发电机中部承载，以减小定子支撑"跨度"提高定子刚度，亦改善了底脚与台板的连接刚度，消除变形趋势。调整后底载情况见表 2-5。

表 2-5　　　　　　　　　　　调 整 后 底 载 情 况　　　　　　　　　　　％

位置	汽　端				励　端			
	1	2	3	5	5	3	2	1
A 排	58	22	11	9	6	13	22	59
B 排	57	26	10	7	5	13	20	62

经过这次处理，振动情况大为好转，基本恢复正常。发电机底台板两次灌浆振动倒置情况消失，振动情况见表 2-6。

3. 经验及教训

(1) 对发电机基础的认识。如此简单的问题前后历经十年才得以解决，其中教训十分深刻。首先，发电机瓦振有其特殊性，现场发现振动大时，一般情况下发电机台板振动也会比较大。由于降低激振力比解决基础问题要容易得多，所以往往首先着手降低发电机转子本身残余不平衡量。若处理无效，经底脚载荷试验仍未能解决问题，这时很容易发生误判，认为振动是基础问题造成的。按照常规逻辑似应处理基础。但处理基础费用高、工作量很大、工期长，是一个很难做出的决定，这是这类问题往往拖延很长时间不能解决的共性原因。

发电机基础大梁的刚度，比我们直觉认识低很多。因此发电机底脚支撑不良引发振动时，很容易误判基础或两次灌浆不良是振动的主导原因。这台机组也曾经考虑过是否对发电机台板重新进行两次灌浆，所幸没有实施。（如果真的重做两次灌浆，通过重新调整台板垫铁也可以解决发电机底脚的支撑问题。因此，重做两次灌浆后振动问题也应得到解决。如此，问题的真相可能永远被掩盖了。）

(2) 合理配置发电机底脚垫片。制造厂规定的发电机底脚载荷分布方案，未充分考虑发电机定子自身刚度条件，明显不合理。定子刚度不能满足其要求的底载设置的负荷分配方式。由于中间部位未受到适当的支撑，使定子中部振动水平上升，带动发电机两端振动增大。可以设想，如果这台机组最后一次检修如果没有抽出全部垫片，检查发电机底脚与台板接触情况，定子的变形问题未被发现，极有可能振动问题仍不能解决。

这台机组振动问题的处理过程具有一定程度的普遍意义。从中积累的教训告诉我们，解决发电机轴承振动大，发电机底脚与台板的接触质量即连接刚度至关重要。从振动机理而言，接触不良导致定子不稳，在不大的激振力作用下就会出现晃动（振动），并带动发电机的两个轴承座（端盖轴承）也随之出现振动。而连接刚度质量的保障，既不能机械地

表 2-6

2 号发电机机壳及基础轴振动记录

μm

位置		1	2	3	4	5	6	6	5	4	3	2	1
地脚	⊥	20	33	36	36	36	35	20	17	10	8	7	6
	//	10	11	17	23	27	29	32	28	21	20	21	22
台板	⊥	6	6	8	9	9	9	5	5	10	10	14	16
	//	9	7	5	5	5	4	7	9	11	8	11	14
二次灌浆	⊥	4	5	7	8	9	8	7	6	5	4	4	12

励端 — A 排 — 汽端

死点 ⊙ ⊙

大端盖: ⊥ 38 / // 20 / ⊙ 28
大端盖: ⊥ 32 / // 22 / ⊙ 21

大端盖: ⊥ 10 / // 37 / ⊙ 20
大端盖: ⊥ 13 / // 41 / ⊙ 26

发电机

	5W	6W	7W
绝对轴振:			
相对轴振:			
瓦振:			

6m 测点 | 15

死点 ⊙ ⊙

位置		1	2	3	4	5	6	6	5	4	3	2	1
地脚	⊥	13	20	27	28	25	25	16	14	12	10	10	11
	//	15	21	27	30	31	32	29	23	18	17	15	14
台板	⊥	13	16	15	16	16	17	11	10	10	7	8	16
	//	9	9	7	11	7	7	8	7	8	4	6	7

B 排

按照制造厂规定阶梯垫片的标准，也不能完全按照底脚载荷试验的要求配置，应充分考虑发电机定子自身的刚度条件（当然不同的机型是有差别的）。在合理满足发电机两端底载要求的情况下，各挡垫片的厚度应尽量与发电机机座的挠度曲线吻合。每次检修调整发电机中心前，建议将底脚调整垫片全部抽光，检查发电机底脚与台板的贴合情况，将脱空处全部预先充分垫实，并分析脱空的原因。

对于这一类机组，建议采用如下方式放置垫片。先根据轴系中心调整的需要放置等厚的基本垫片，随后以每两个底脚螺栓为一段，放置阶梯垫片。依次放置 1～2 号底脚螺栓垫片，然后放置 3、4 号底脚螺栓垫片，3、4 号底脚螺栓垫片减薄 0.15～0.20mm。待 1～4 号底脚螺栓垫片放置完毕后，自第 5 个螺栓开始，用塞尺实测底脚与台板的间隙，比实测间隙加厚约 0.05mm 制作垫片放入。如此，不仅将发电机前后两端垫硬，其余部分亦适当承载，给予垫实，才能保证发电机定子稳定地支撑在台板上。

如果决定做底载试验，应注意当先摸清发电机底脚与台板之间的间隙情况，无论发电机定子是否已经翘曲变形，都不能机械的按照制造厂提供的负载分配标准放置底脚垫片，不但不能解决振动问题，反而会促进定子变形恶化，增加处理难度。

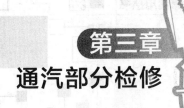

第三章
通汽部分检修

通汽部分的检修是汽轮机本体检修的重中之重，一定程度上决定了检修效果。通流部分主要有汽缸、持环（隔板）、转子、叶栅、汽封等组成。

现代汽轮机叶栅设计既没有纯冲动式级组，也没有纯反动式级组。冲动式级组与反动式级组的差别，仅在于反动度的大小有别，以及通流结构形式的差别。通常冲动式汽轮机级焓降大、级数少、根径高、叶片短而宽，静叶采用隔板形式，转子为轮盘式结构。反动式汽轮机级焓降小、级数多、根径低、叶片长而窄，静叶采用持环形式，转子为鼓式结构。由于反动式汽轮机叶片具有较大的展弦比、较小的径高比，因此反动式结构的通流效率略高于冲动式结构；主要反映在容积流量较小的高、中压缸，高压缸相对更显著。

第一节 高、中压汽缸检修

1. 汽缸结构简介

汽缸是汽轮机的最大静止部件。当前，在线运行的汽轮机的高、中压缸多数是沿水平中分面分为上、下缸。600MW 及以下机组大多数采用高中压合缸的形式，均为双层缸。少部分汽轮机高、中压内缸也为合缸形式。由于将内缸应力最大的部分连接在一起，以及夹层汽流冷却等问题，这一类机组内缸的变形量普遍很大，给检修工作带来很大困难。绝大多数高、中压合缸汽轮机仅外缸合缸，各自有一个独立的内缸。

冲动式高、中压合缸机组结构如图 3-1（a）所示。反动式高、中压合缸机组结构如图 3-1（b）所示。

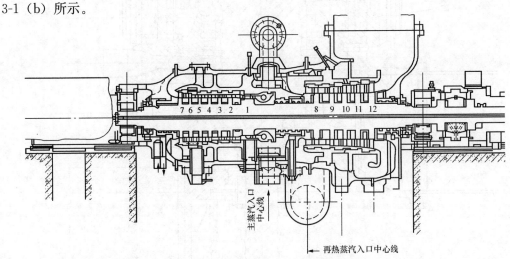

图 3-1（a） 冲动式高、中压缸机组结构

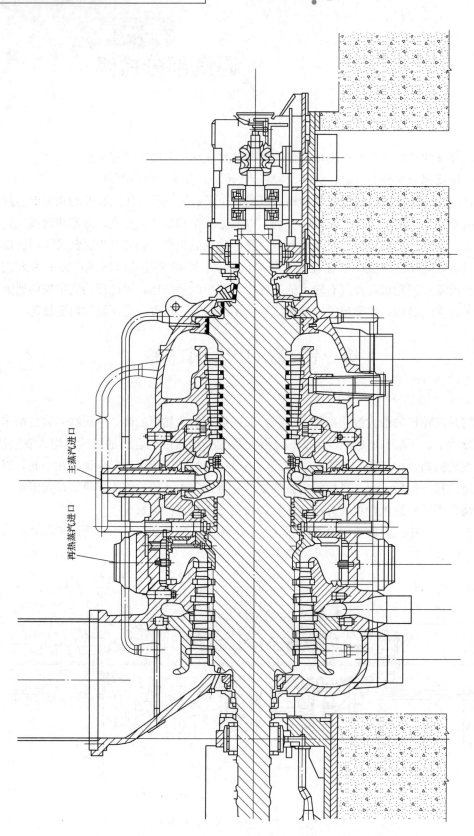

主蒸汽进口

再热蒸汽进口

图 3-1 (b)　反动式高、中压合缸机组结构

高、中压合缸机组使其高温部分集中在汽缸中部,加之采用双层结构,因此汽缸热应力较小。合缸机组减少了两个对外的高压侧轴封,仅有两个压力温度均较低的排汽侧轴封对大气,降低了轴封漏汽。但由于是合缸,为了控制高、中压转子长度,必须要提高、低压缸进汽参数,进一步恶化了低压缸的工作条件。

2. 汽缸壁面裂纹检查

汽缸壁的平均应力与其内、外压力差成正比,其轴向和切向应力与汽缸壁厚成反比。强度要求等效当量应力小于许用应力。汽缸的工作压力越高,汽缸壁越厚,以满足强度要求。为了避免出现过大的应力集中现象,汽缸的形状力求简单,厚度变化均匀,平缓过渡。由于汽缸必须满足通流部分的结构要求,局部仍然不可避免地出现几何形状发生较大变化的现象。虽然当前汽缸壁面裂纹的现象并不多见,但是随着蒸汽温度的不断提高,对这些部位的检查不应放松。目前很多电厂检修时几乎放弃了这项检查,应引起注意。

一般情况下检修时,下内缸是不吊出来的。有些电厂,自机组安装以来从来没有吊出过下内缸,因此下外缸内壁及下内缸外壁从不检查。对于这些电厂建议至少在机组运行10 万 h 后,吊出下内缸,对外缸的内壁及内缸的外壁进行全面检查。同时经过长时间运行,下缸进汽承插管的密封情况也需要检查与处理,可以一并进行。

3. 高、中压缸夹层

高、中压内外缸之间的夹层内,通常引入适当参数的蒸汽。机组正常运行时由于内缸温度很高,热量不断的辐射到外缸,此时夹层蒸汽对外缸起冷却作用,防止外缸超温。当机组冷态启动时,为了使内外缸尽量迅速同步被加热,缩小膨胀量的差别,降低热应力,此时夹层蒸汽对外缸起加热作用,如图 3-2 所示。

为了降低损失,有些类型的机组,可以适当减小内缸挡板与外缸内壁的间隙。一般情

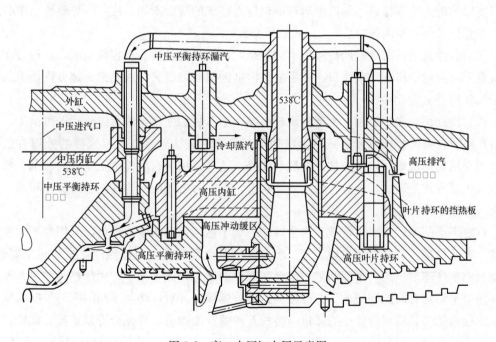

图 3-2　高、中压缸夹层示意图

况下此处的缝道有裕度，但应注意不可减少太多，应根据机组的具体情况酌情处理，否则将影响夹层蒸汽的加热、冷却作用。

4. 高、中压缸法兰张口处理

(1) 法兰张口产生原因。由于高、中压汽缸壁承受很高的压力，所以设计得很厚重。汽缸壁厚接近或超过 100mm，法兰的宽度、厚度更大，在运行中将产生很大的热应力。汽缸的断面形状犹如金属圆环，其内外壁受热不同，因此不可避免地存在温差。如内壁温度为 t_1，外壁温度为 t_2，$t_1 > t_2$ 如果内壁可以自由膨胀，内径将增大 $\Delta\phi$。但因外壁温度 $t_2 < t_1$ 故膨胀量亦小于内壁，因此限制了内壁的自由膨胀，造成外壁受拉增大直径，内壁受压使得实际膨胀后的直径小于自由膨胀时的直径。内壁将产生热压应力，外壁将产生热拉应力，如图 3-3 所示。

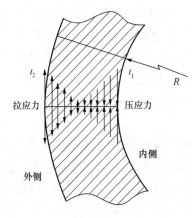

图 3-3　汽缸应力示意图

当应力达到一定水平时，发生永久变形。由于外圆变大，内圆变小，松开法兰螺栓后，汽缸中分面将出现内张口，温差最大处，变形量也最大。

很多现场工程技术人员经常提问，汽缸中分面张口是否是汽缸制造过程时效处理不当形成的。的确，如果汽缸时效处理不当，运行中应力逐渐释放，也会形成张口。但时效处理不良，形成张口情况是与此不同的。高、中压缸均为铸件，铸造过程中，金属溶液凝固时将产生巨大的收缩应力。汽缸法兰比缸壁厚重得多，凝固与冷却也最迟缓，冷却过程中外壁温度高于内壁。因此若时效处理后残余应力较大，运行中应力以变形的形式逐渐释放，与机组运行中热应力造成的变形不同，最终将导致法兰中分面出现外张口，而不是内张口。

机组启停及运行时汽缸的热应力十分复杂，即便是低参数、小容量机组，运行数年后汽缸也不可避免的出现法兰张口。双层缸的内缸的热应力更大，因此绝大部分汽轮机的内缸变形量比外缸大很多。

(2) 汽缸法兰张口处理。大部分汽轮机高、中压缸的张口，冷紧螺栓后即可消失。但张口严重时，有时螺栓热紧后依然无法消除。消除汽缸法兰张口可以选择的处理方法很多，如采用局部堆焊，修刮或加工汽缸平面等，这些方法各有利弊。采用平面修刮、修补或机加工等方式处理后，汽缸将延续失圆状态。影响与之相配的构件的径向膨胀间隙，应注意一并给予检查处理。

汽缸平面间隙较大时用常规方法紧螺栓，难于达到预期的紧力。可以采用如下"轮番拧紧"方式处理：首先按照常规工艺要求充分冷紧全部螺栓，再按照规定弧长热紧螺栓。待螺栓完全冷却后，法兰平面间隙一定会在螺栓的紧力作用下减小。用加热棒加热，相间松开法兰平面仍有间隙区域的 1/2 螺栓。这部分螺栓松开后，法兰平面间隙不可能恢复到未紧螺栓的状态，将保持较小的张口。待松开的螺栓冷却后，再充分冷紧这部分螺栓，随后再次进行热紧。待其冷却后，法兰平面间隙将进一步减小。然后再松开另外 1/2 螺栓，按照上述方法复紧。如此多次反复，直至汽缸法兰平面间隙消失。

有些机组，按照上述方法处理仍不能消除间隙，这种情况下则应适当增加螺栓热紧量。所谓适当增加螺栓热紧量，实际只是以汽缸法兰接合面间隙为零，作为螺栓热紧的"起点"。换一个角度理解，可以假设在螺栓拧紧之前，我们使用某种力量强迫汽缸法兰接合面合拢，接合面间隙消除，如同恢复到安装时的状态，然后再开始紧螺栓，因此并不存在安全余虑。

汽缸密封紧力是按照机组满负荷工况条件下确定螺栓所需的密封应力。再考虑高温作用下的应力松弛，确定螺栓所需的预紧力。法兰结构示意如图 3-4 所示。

由于蒸汽的作用，汽缸壁对法兰的作用力为

$$Q = \frac{\Delta P(D - 2C)S}{2}$$

式中　Q——蒸汽作用力；

ΔP——蒸汽压差；

D——汽缸内径；

C——汽缸内壁凸起宽度；

S——螺栓节距。

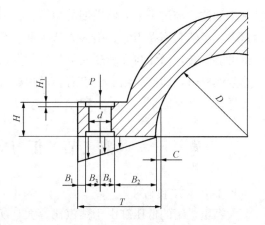

图 3-4　法兰结构示意

若保证汽缸的密封，螺栓的拉力必须大于蒸汽作用力，给予法兰中分面应有的密封紧力，即

$$P - Q - R = 0$$

式中　P——螺栓拉力；

R——法兰密封紧力。

因此可得

$$P(B_4 + B_2 + C) - Q\frac{\delta}{2} - R\frac{2T}{3} = 0$$

式中　B_4——螺栓中心线至内边距离；

B_2——螺栓中心线至内壁距离；

δ——汽缸壁厚；

T——法兰宽度。

由以上叙述可知，螺栓的紧力是蒸汽的作用力与螺栓对法兰作用力的平衡。汽轮机运行中法兰产生张口的趋势是在所难免的，法兰产生张口后，螺栓拉紧力还将承担克服汽缸法兰张口的应力。力的平衡关系变为

$$P - Q - M = 0$$
$$M = R + F$$

式中　F——汽缸法兰张口应力；

M——汽缸法兰密封总作用力。

欲使法兰密封紧力 R 不降低，汽缸螺栓的拉紧力须提高。"轮番拧紧"的优点在于通过反复交替冷、热紧，恰当地提高了冷紧应力，从而使得螺栓的拉紧力仍能满足密封紧力要求。这个问题的实质是，汽缸变形后扣缸紧螺栓时，应首先拧紧螺栓使汽缸法兰间隙消失后，再按照制造厂要求的弧长热紧螺栓，从而消除法兰张口对密封紧力的影响。

机组安装时，汽缸法兰基本上没有间隙，随运行时间增长变形应力产生，螺栓的应力自动相应提高。现场曾经发现某台机组首次大修，汽缸法兰平面间隙较大，经"轮番拧紧"法兰张口未能消除，即汽缸法兰接合面仍有间隙的情况下，依然按照制造厂提供的热紧标准拧紧汽缸螺栓，拧紧后，与安装时在汽缸上遗留下的热紧螺栓弧长记号相比，明显没有紧到位。经过一个大修周期的运行，修后不但没有补偿螺栓应力松弛，反而消减了密封紧力，显然是不妥当的。很多人认为两者没有可比性，埋头螺栓拧紧时不光螺帽旋转螺栓也可能旋转，因此与安装热紧弧长比较并没有实际意义。这是一个认识上的误判，实际上热紧螺栓时，即使螺帽完全没有转动仅螺杆转动或螺杆、螺帽都转动，只要螺栓两端螺距一样就不会有区别。

第二节　低压汽缸检修

1. 低压缸结构简介

大容量机组的低压缸由于蒸汽比容大，所以体积也很大，为了减轻质量及便于制造，普遍采用钢板焊接结构。为了使低压缸巨大的外壳温度分布均匀，降低热应力，大部分机组低压缸采用双层缸或三层缸结构。通常，反动式汽轮机低压缸的末几级也采用隔板的形式。大多数机组低压缸两端采用座缸式轴承座，轴承座与下汽缸连为一体，四周均落地，安装在同一平面上。冲动式汽轮机低压缸结构如图3-5（a）所示；反动式汽轮机低压缸结构如图3-5（b）所示。低压外缸利用预埋的锚固板保持与基础的相对位置。沿轴向分为三段在现场拼接。所有汽缸经过运行在热应力的作用下，都会产生不同程度的变形。绝大部分机组变形量最大的汽缸是低压缸。

产生变形的原因有：

（1）制造原因产生的变形。低压缸在运行中产生变形是多种综合原因造成的。由于低压缸是钢板焊接而成，在制造过程中，汽缸壁面的弯板成型，以及大量的焊接操作，都将造成很大的加工应力。加工应力水平的控制，取决于加工工艺和制造过程中是否严格遵守工艺要求。尤其是焊接工艺的严格控制尤为重要。而加工应力的消除，则取决于定型处理能力。目前汽轮机厂采用的人工时效除应力的方式，远达不到自然时效的效果，因此成品内应力水平较高，投产后运行中，应力逐步释放不可避免的产生变形。

（2）热应力引起的变形。汽轮机的汽缸必须有足够的强度和刚度，使机组运行时汽缸能承受很大压力并保持形状的稳定，在汽轮机行业中由于蒸汽压力作用引起的材料应力过高造成损坏事故的情况是少见的。汽缸体积庞大、厚重，无论是在加热和冷却还是正常工作中，其各部分温度总是不均匀的。温度不均匀，使热膨胀也不均匀。而汽缸作为一个整体，各部分之间会互相牵制，热的受压，冷的受拉，因而在其内部即产生了热应力，又会

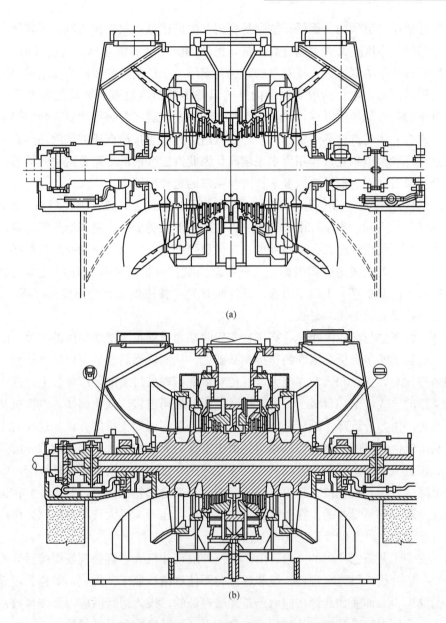

图 3-5 冲动式汽轮机低压缸结构和反动式汽轮机低压缸结构

(a) 冲动式汽轮机低压缸结构；（b) 反动式汽轮机低压缸结构

造成热变形。汽缸体内各部位热应力的大小取决于汽缸内部的温度梯度。进入低压缸的蒸汽虽然压力、温度都较低，但温降很大，特别是高、中压合缸汽轮机，为了控制高、中压转子长度，必须要提高低压缸进汽参数。如哈尔滨汽轮机厂生产的 600MW 超临界机组，在 THA 工况下高压缸进汽温度与排气温度差为 257.5℃，低压缸进汽温度与排气温度差为 337℃，大大超过高压缸，因此低压缸内的温度梯度高于高压缸。分析和试验表明低压缸中的机械应力比热应力小很多，因此热应力是造成汽缸变形的重要因素。

相对低压缸而言，高压缸虽然进汽温度很高但其外壁有良好保温，因此内外壁温差有效地控制在很小的范围内。而低压缸则是裸露在温度很低的汽轮机排汽温度环境内，且其进汽温度与排气温度差又大大超过高压缸，虽然内缸上装有隔热罩，但内外温差仍较大。目前我们运行机组的低压缸，既有单层，也有双层、三层的，变形的规律是单层的低压缸变形量大于多层低压缸。这里讲到的内外壁温差不是指汽缸壁面，而是指水平接合面法兰，更重要的是指低压缸进汽口进处环状汽道。该进汽道径向强度即垂直断面强度，大大超过与之连为一体的汽缸环形壁面。该环状汽道运行中直接被低压缸进汽加热膨胀，向外撑顶汽缸。环状汽道越宽，作用力水平越高，因此汽缸变形的形态普遍呈橄榄形。环状汽道附近变形量最大，它们是造成低压缸法兰张口的重要原因。

（3）结构原因产生的变形。任何物体强度都与其形状有关，同样材质、壁厚的板、管、球强度各自不同。高压缸由于结构原因，几何形状类似一个椭圆形封闭容器，因其为工质压力很高，故设计时首先考核强度，为满足强度要求，汽缸壁面及法兰势必设计得很厚实、坚固，客观造成刚度裕度很大。低压缸内缸情况恰好相反，外形犹如一个长度很短，直径很大的薄壁管，工质压力低，设计时首先考核刚度，因此刚度裕度不可能很大，易产生变形，半缸状态尤为显著。

此外，低压缸与高压缸相比，高压缸前后两端通过猫爪及滑销稳固的支撑，固定在轴承座上，而轴承座与台板又牢固的连接在基础上。从而确保高压缸定位的可靠性。而低压内缸则通过挂耳，支撑和固定在庞大，且相对单薄，现场拼装的低压外缸上。低压外缸采用四周支撑的方式坐落在台板上，与台板通过活动滑司连接。众所周知，汽轮机基础不可避免的都将产生差异沉降。低压外缸体积庞大，又采用四周支撑的方式，这样的支撑方式虽然提高了低压外缸的刚度，但副作用是由于支撑周界面积很大，受基础差异沉降的影响必然比高压缸大很多。低压内缸既然是支撑在低压外缸上的，所以既受外缸变形的影响又受基础沉降的影响，发生位移是很自然的事情。对整台汽轮机而言，低压外缸在运转层上无论强度、刚度都是最差的。在凝汽器建立真空后，还要承受大气压力的巨大作用力，变形是不可避免的，外缸的变形势必殃及内缸。

（4）安装工艺原因产生的变形。由于低压外缸尺寸巨大，都是现场焊接拼装的。上下两半分，一般分成三段运至现场。组装焊接时即使严格按照工艺规定，对称分段焊接，跟踪捻打消除应力，即便如此焊接应力仍是无法避免的。投入运行后应力逐步释放，变形在所难免。而低压内缸支撑在由外缸构成的台板上，受其影响也是必然的。

2. 低压缸法兰平面张口处理

大部分低压内缸变形量虽然较大，但大多数情况，通过拧紧法兰螺栓，平面间隙仍是可以消除的。局部间隙无法消除可考虑在其平面上加密封键的办法防止漏汽。密封效果最好的密封键是在上、下法兰上相同位置分别开槽，配置紧密配合的密封键。但现场实施时，在工艺上很难做到上、下法兰平面的密封键槽口对准、不错位。因此，有些电厂采用在下法兰平面开深 8mm，宽 10mm 的方槽，在方槽里面放置 10mm×10mm 镍基石墨盘根，以盘根取代密封键，阻止漏汽。这个方法简便易行，但合缸时，盘根在被压扁的过程中，很容易自槽子两侧挤出一些纤维，纤维夹在结合面中必然影响密封效果。为了避免这个缺点，有的电厂用圆柱形硅橡胶条取代盘根。改用硅橡胶条虽然解决了密封条被挤压扑出的问题，但硅橡胶耐热及老化问题仍是诟病，所以密封效果难以持久保持。

在下缸法兰漏汽部位，开 10mm 宽，深度 11mm 槽。加工钢制密封键，宽度与槽滑配，厚度为 7mm。槽底放置厚 5mm，宽 10mm 石墨盘根，由于盘根低于汽缸平面，合缸时仅被深入的密封键挤压，避免了被挤压扑出的现象，其结构如图 3-6 所示。

因为汽缸的张口为楔形，在试盖缸时可以用压铅丝的办法，测量沿密封键长度方向，间隙的分布情况。借此，可通过修整密封键沿纵向的厚度，使盘根压缩尽量均匀 。也可以在下汽缸开较浅的槽子，用适当厚度的增强石墨垫片代替盘根，利用石墨垫片良好的回弹力进一步提高密封效果。

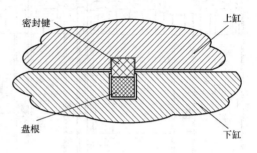

图 3-6　汽缸接合面密封键示意图

由于低压缸变形量大，因此通汽部分调整的难度也较大，但大多数机型低压缸对热耗的影响也最大。如哈尔滨汽轮机厂生产的 600MW 机组，低压缸效率变化 1% 对热耗的影响量为 0.417%，高压缸的影响为 0.174%，中压缸的影响为 0.118% 。也就是说，低压缸对热耗的影响是高压缸的 2.4 倍，是中压缸的 3.5 倍，因此修好低压缸至关重要。

第三节　持环与隔板检修

1. 持环与隔板结构简介

为了适应结构需要，冲动式汽轮机在汽缸上设置隔板及隔板套，大容量冲动式汽轮机往往将几级隔板装在一个隔板套内，如图 3-7 所示。

上下隔板套之间用螺栓连接，隔板套用悬挂销支撑在下汽缸上。采用隔板套不仅便于检修，而且使级间距离不受或少受抽汽口布置的影响，因此可以减少汽轮机的轴向尺寸，简化汽缸形状，使汽轮机适应变负荷运行的能力更强，但使用隔板套将增加汽缸的径向尺寸。

反动式汽轮机由于级热降相对较小，普遍采用持环结构，如图 3-8 所示。

从宏观上讲隔板与持环没有本质上的区别，可以将持环理解为数级隔板的组合，两种形式各有优点。由于结构上的原因调整通流洼窝中心时，隔板可用逐级调整，使每一级隔板的洼窝中心都符合要求。但持环内的各压力级中心偏斜方向若不是线性关系时，则顾此失彼，很难做到每一级的洼窝中心都符合要求。即便中心偏斜方向是线性关系，但各级中心偏斜方向不对称时，亦很难调整。

对隔板与持环的安装要求是，即使其受热后能够顺畅膨胀，又要保证膨胀后仍然与转子保持同心，与装在隔板套内的隔板相比由于持环少了一个中间层，因此受热膨胀后，与转子中心发生偏移的可能更低一些。

2. 隔板、持环张口处理

隔板出现张口的现象较少。持环张口现象十分普遍，尤其是中压首级持环张口现象

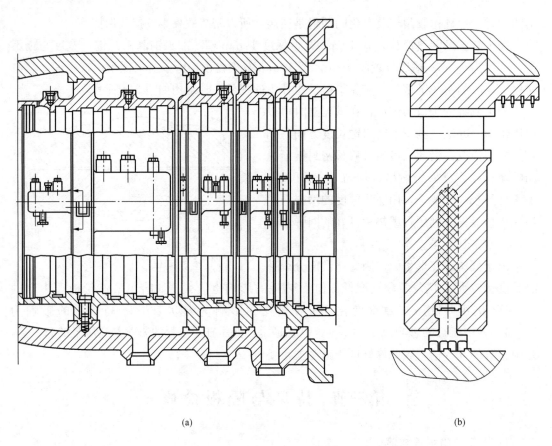

(a)　　　　　　　　　　　　　　(b)

图 3-7　隔板套与隔板

（a）隔板套；（b）隔板

十分突出，张口严重时即使中分面螺栓全部拧紧后，仍然残留较大间隙。隔板、隔板套、持环每次检修，都应测量内圆的椭圆度及水平中分面间隙。无论持环中分面出现内张口还是外张口，在自由状态持环一定会失圆。内张口，持环垂直断面呈立椭圆状，反之呈扁椭圆。上下半持环组合拧紧固螺栓后，即使局部残留间隙，持环仍将基本上恢复为圆形。

　　采用平面修刮、补焊或机加工等方式处理持环中分面后，持环不但在自由状态下失圆，即使组合拧紧固螺栓后也仍将延续失圆的状态。以内张口为例，若堆焊，相当于用焊缝填补了张口的间隙。拧紧螺栓后持环张口不能缩拢，仍将保持立椭圆状，即垂直方向内径变大，水平方向内径变小，如图 3-9 所示。若修刮或加工法兰平面，如图 3-10 所示，图中涂黑部分被消去，垂直方向内径可基本复原，但水平方向内径变小的现象不会改善，仍将呈不规则的椭圆状。

　　静叶是直接安装在持环上的，持环失圆意味着喷嘴的节圆失圆。因此较为稳妥的处理方法是，适当的人工修刮平面减少张口，至紧螺栓后能消除间隙。修刮时注意在能消除平面间隙的前提下尽量减少修刮量。降低持环失圆程度。注意修刮处平滑过渡，持环两侧修刮量应对称。修刮持环平面前、后，应分别测量其水平与垂直方向内径，记录由于修刮平

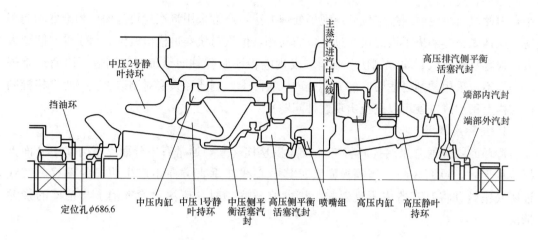

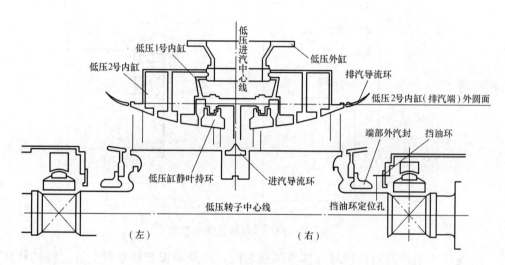

图 3-8 持环示意图

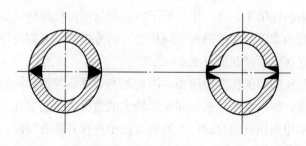

图 3-9 内张口堆焊处理   图 3-10 内张口修刮处理

面产生的变化。罕见持环产生外张口的现象，即使出现外张口，通常拧紧中分面紧固螺栓后均能消除。隔板张口处理方法与持环基本相同。

3. 隔板内环膨胀缝错位

很多机组低压隔板内环径向设有膨胀缝，低压隔板刚度较低，几何尺寸又很大，膨胀缝轴向前后错位的情况，安装与检修均有发现。汽封块与安装汽封块的槽口轴向间隙很

小，因此汽封块无法通过错位处，现场处理方法，通常采用将汽封块与槽口相配处轴向车薄。这样做虽然解决了汽封块穿过错口的问题，但汽封块穿过槽口就位后由于轴向间隙太大，很容易造成汽封块"倒伏"倾斜。发现隔板膨胀缝轴向错位应与制造厂协商给予解决，而不应采用"削足适履"的方法处理（实际上，制造厂只要对制造工艺过程严格控制或结构上稍加改进就可以避免出现这种问题）。

4. 持环或隔板支撑

持环或隔板通常采用挂耳将持环或隔板悬挂起来，通常有中分面支撑与非中分面支撑两种形式，见图 3-11。当隔板膨胀时其中心线在垂直方向不产生明显的偏移。实践证明底销整劲将对其造成不良影响，因此修整底销时，应注意检查销子与销槽的接触情况。

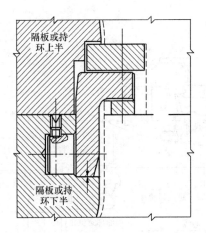
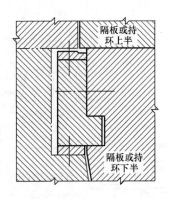

图 3-11 持环或隔板支撑示意图

图 3-11 中显示的隔板挂耳与挂耳压板之间，以及隔板套挂耳与上缸之间的膨胀间隙，有很多电厂检修时为了确保不顶煞，有意将膨胀间隙做得很大，是不正确的。机组运行中，隔板在反扭矩的作用下，将产生与转子转向相反的方向旋转的趋势。现场也确实发生过运行中隔板扭转的实例。虽然隔板（隔板套）的底销能够起到防转作用，如果挂耳顶部间隙过大亦仍然存在单面浮起的可能。

由于挂耳顶部膨胀间隙的标准值很小，因此用测量挂耳与凹槽高度差的方法检验膨胀间隙较容易出现差错，特别是法兰张口间隙比较大的情况下更是如此。因此建议结合测量汽缸平面间隙时，采用压铅丝结合涂红丹粉的方法检查挂耳膨胀间隙，更为准确、可靠。

5. 汽缸变形与隔板、持环洼窝中心关系

本章第二节，已经对汽缸的变形做了较充分的讨论。虽然主要以分析低压缸变形为主，实际上，经过运行的机组任何汽缸都不可避免地发生变形，只是低压缸变形更加突出。

汽缸变形对通流部分洼窝中心产生的影响是显而易见的，但检修现场对此仍有大量的视而不见的行为。在此，针对高、中压缸变形与通流部分洼窝中心关系再做一些说明。

所有的汽缸产生变形后，在自然状态下，汽缸平面一定会产生张口。大部分汽轮机内缸、隔板或持环都如图 3-11 所示，用挂耳悬挂在汽缸水平中分面上或下缸内壁靠近中分面处。挂耳悬挂处的标高，决定了内缸、隔板或持环洼窝中心垂直方向的位置。无论外缸水平中分面内张口或外张口，拧紧中分面螺栓张口消除后，内缸或持环挂耳支点处的标高一定发生改变。举外缸水平中分面外张口为例，如图 3-12 所示。

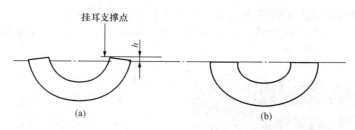

挂耳支撑点

h

(a) (b)

图 3-12　汽缸变形与洼窝中心关系示意图
(a) 半缸张口状态；(b) 合缸状态张口消失状态

可以看出，合缸拧紧螺栓张口消除后，由于汽缸法兰"扭平"法兰挂耳支撑点下降了 h。因此，内缸（持环）洼窝中心垂直方向中心亦跟随下降低了 h。反之，汽缸水平中分面内张口，因为汽缸法兰的"扭平"的方向与外张口相反，合缸拧紧中分面螺栓后，内缸垂直方向洼窝中心中将抬高 h。

通过上述分析可知，只要汽缸存在变形，必将影响通流部分洼窝中心，不同之处仅在于影响程度，其影响是不应忽视的（即使汽缸没有变形，不存在法兰张口，合缸后由于汽缸刚度的变化也将对通流部分的洼窝中心产生影响，将在后面的章节里进行讨论）。

6. 静叶的清理与修整

隔板与持环对经济运行影响最大的组件是喷嘴，即静叶。经长期运行喷嘴表面积垢是不可避免的，现代大容量机组由于对蒸汽品质控制水平的提高，喷嘴严重结垢造成流道面积减小的可能已经非常小，但由于结垢及受到蒸汽中杂质的冲击，使静叶表面的粗糙度增加仍是不可避免的，且随着蒸汽参数的提高，问题显得更加突出。因此检修时对静叶的清理十分重要。

现场实践表明，喷丸清理是目前效果最好的清理方式。高压部分喷嘴节距小，流道中部曲率半径较小处很难清理，但此处往往是结垢较突出的地方，所以清理及清理后验收时需特别注意。为了减小尾迹损失，喷嘴的出口边加工得很薄，清理方法不得当，很容易造成出口边向内卷边。因卷边很小肉眼几乎觉察不到，但用手指在喷嘴内弧滑动时，能明显感觉到卷边现象。因此，在清理前应提醒施工人员注意。如若发生卷边一定要仔细地将卷边打磨光滑。

若喷嘴出口边有缺损与凹坑等现象，应注意这些损伤累积、加剧有可能产生裂纹、缺口等缺陷。对疑似的损伤须着色探伤检查，对已经确认的损伤应酌情处理。难于处理时至少应采取避免损伤扩展的措施，如对伤处修圆角，降低应力集中，以及钻止裂孔等。

7. 阻汽片的修理

很多机组高压隔板或持环上安装的叶顶阻汽片采用镶嵌式。以往检修，镶嵌汽封间隙超标时由于处理难度较大，一般不做处理。当前节能降耗要求越来越高，因此大多数电厂会选择拔齿重镶。镶嵌式阻汽片一般有两种形式，一种是厚直齿（齿厚约2～2.5mm）直接镶入隔板，另一种是薄J形齿（齿厚约0.8mm）用嵌条涨紧在隔板上。厚直齿在现场无法拔出，须机械加工，车齿重镶。J形齿可在现场拔出，重镶车齿。绝大多数电厂没有加工能力，镶齿后需要外委加工，车齿时通常留加工裕量，返厂后根据间隙测量结果，现场手工修整。当前现场手工修整工艺水平，尚不能准确控制修整量。

目前已有施工单位，可以使用简便的立车在现场加工汽封齿，其现场车齿设备如图3-13所示。

图 3-13　现场车齿设备

在现场加工便于检修人员直接参与加工过程，有利于监督加工质量。不存在设备往返运输问题，若间隙不满足要求，可以很方便地进行二次加工，直到符合标准。

若外委加工应尽量减小加工裕量，使汽封齿各部位间隙保持均匀。同时应注意，加工时确保阻汽片内圆与隔板内孔的同心度。此外，现场镶J形齿时要注意由于齿片很薄，用凿子手工涨紧时，一旦凿子倾斜，很易打击到J形齿侧面与凹槽的槽口接触的地方，使J形齿受伤，即使当时未断，也极易造成运行中损坏。

厚直齿汽阻汽片较厚实坚硬，一旦与转子发生较严重的碰摩将损伤覆环。因此，厚直齿阻汽片设计间隙通常比J形齿阻汽片径向间隙大很多。只要对厚直齿形状稍作修改，就可以妥善解决这个问题。厚直齿的齿尖原设计为减轻碰摩时对覆环造成损伤，将齿尖加工成45°倒角，见图3-14（a），由于其端部为三角形，故齿尖越磨越厚，因而越加耐磨。如将倒角改为图3-14（b）所示。

端部厚度可以减薄至0.25～0.5mm，即可避免了上述缺点。间隙可以减少至与J形齿汽封相近。汽封齿毛胚通常是通过挤压成型的，与倒角相比，加工难度仅少许增加，是完全能够做到的。

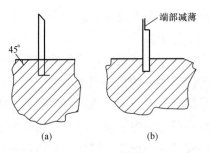

图 3-14　厚直齿改进

(a) 45°倒角；(b) 端部减薄

8. 低压部分的湿汽损失

（1）湿汽损失的形成。低压缸的末几级经常工作在湿蒸汽区，因此产生了湿汽损失。如果级的平均干度为 X，每千克湿蒸汽中就有（$1-X$）kg 蒸汽被凝结成小水珠，减少了做工的蒸汽量。水珠的流速低于蒸汽流速，高速的蒸汽通过摩擦对水珠加速，消耗了部分动能，造成损失。虽然水珠被蒸汽加速，但其速度一般只能达到蒸汽速度的10%～13%左右，造成水珠的进口相对速度的周向分速度与动叶转动方向相反，形成阻力，造成损失。同理在动叶栅出口，由于水珠的流速低于蒸汽流速，所以当蒸汽按照正确方向进入下一级喷嘴时，水珠只能打在喷嘴静叶的背弧上，扰乱了主汽流亦造成损失。

除了产生湿汽损失外，湿蒸汽的水珠打在动叶进口边上部的背弧上，使其受到冲蚀，叶片被冲蚀部位形成许多密集的细毛孔，严重时导致叶片缺损，影响经济运行。

（2）常用的去湿方法。

1）设置捕水口，捕水室和疏水通道组成的级内捕水装置，见图 3-15。

水珠在离心力作用下被甩出外缘后，经过捕水口槽道 1 进入由隔板与汽缸组成的捕水室 2，然后通过输水通道 3 流入加热器或凝汽器。这种捕水装置应用很广泛，去湿能力可达湿蒸汽中所含水分的 $20\% \sim 30\%$。

2）具有吸水缝的空心喷嘴，如图 3-16 所示。去湿装置是将空心喷嘴，经环形通道与压力比它低的低压加

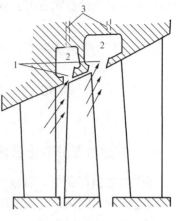

图 3-15　去湿捕水口示意图
1—捕水口槽道；2—捕水室；
3—输水通道

热器或凝汽器相连通形成负压。通过喷嘴上的吸水缝，将喷嘴表面上的凝结水膜吸走。吸水缝布置在喷嘴顶部附近去湿效果最好，因水分主要集中在这一部位。采用吸水缝的缺点是有一部分蒸汽同时被吸走，亦造成损失。由于环形通道的截面积必须设计的很大，增加了制造难度。

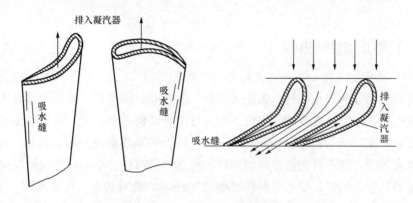

图 3-16　去湿吸水缝示意图

3）增大喷嘴和动叶的轴向间隙，这样就可以延长水珠被蒸汽加速的时间，水珠的速度得到提高，更容易被撞碎雾化。出汽边很薄的喷嘴也容易使水珠雾化。

9. 湿汽损失与叶顶漏汽损失

湿汽损失是一项影响较大的损失，但现场检修时对湿汽损失往往认识不足。有不少电厂为了提高机组效率，认为制造厂提供的末几级叶顶汽封间隙标准过大，太保守，汽封改造时大幅度的减小叶顶汽封间隙。殊不知这几级叶顶汽封间隙设计得很大，除了考虑到叶片在离心力的作用下伸长量等因素外，另一个重要的原因就是为了使水珠顺利通过叶顶，进入捕水装置。即使没捕水装置，让水珠顺利通过也是有益的。低压缸末几级漏汽面积占叶片通流面积比例，比前几级小很多，漏汽损失的影响相对减弱；但蒸汽湿度逐渐增大，

湿汽损失对效率的影响更大。减小叶顶汽封间隙固然可以降低漏汽损失，但两者相比，得不偿失。

有些电厂为了减少漏汽，甚至在捕水口外侧排水处加设挡板，更欠妥当。

第四节　通流部分静止部件之间的内漏

一、对通流部分静止部件之间内漏的认识

汽轮机通流部分中，隔板与转子之间，动叶顶部与汽缸之间，转鼓结构的反动级静叶与转鼓之间都有间隙，且间隙前后存在压差，会有一部分蒸汽不通过动叶通道，通过间隙漏到下一级，造成漏汽损失。

减少动静之间的漏汽损失，确实是一项需要重点关注的工作。对于这个问题，教科书及有很多有关资料都做了充分的探讨。实际上，通流部分的除了动静密封之间存在漏汽外，静止部件之间也同样存在漏汽。与汽封漏汽相比，我们重视的程度远远不够。特别是近年来，机组检修时，很多电厂花费很高代价，采用各种形式的汽封，借以减少漏汽损失。但对于通流部分静止部件之间的密封漏汽问题，几乎没有什么投入，笔者认为对这个问题首先是意识上重视不够。下面就通流部分较突出的静止部件之间内漏问题逐一进行讨论。

二、缸内静止部件间内漏

1. 持环、隔板等与汽缸之间的内漏

汽缸内通流部分的静止部件，无论是隔板、隔板套、轴封套、持环、导流环都是通过与汽缸对应的槽口相配，实现轴向定位。相配处因为结构需要，无一例外的都需要留有膨胀间隙（安装间隙）。运行中这些部位的密封，只能依靠其轴向接触面的密合阻止漏汽，但这些轴向密封面，既不可能制作得如阀门的阀线一样精致，亦不可能做到与阀门的阀线那样高的接触质量，同时，也不可能获得阀门那样高的密封紧力。在此发挥一下想象力，如果将它们设想为阀门，其尺寸如此巨大，其"阀线"如此粗糙，其关闭紧力如此欠缺，严密性将会如何？可想而知，不漏是不可能的。通过这些叙述只是想说明，通流部分静止部件之间的漏汽是客观存在的，不可忽略的（众所周知给水泵汽轮机的排汽蝶阀，尽管阀门前后压差仅约 0.1MPa，因其尺寸较大，内漏绝非鲜见，阀门尚且如此，何况缸内部件）。这些漏汽与"动静"之间的漏汽相同，不通过喷嘴，没有参与做功，同样成为能量损失。但在讨论通流部分漏汽损失时，从来没有任何资料提及到此项损失。实际上相关资料讨论级内损失时，对其他各项损失的研讨已经非常充分，即便对一些很微小的损失也做了充分论述。但唯独对静止部件之间，并非微小的漏汽，却从未被任何讨论级内损失的教材或文献提及过。因此说，对这个问题的忽略首先是认识问题。

在此，不能不提及西门子套缸型高压缸，该机型用独特的方法最大限度的减少了静止部件间漏汽，其剖面见图 3-17。与图 3-18 所示常规汽轮机相比，可看出其内部装配件非

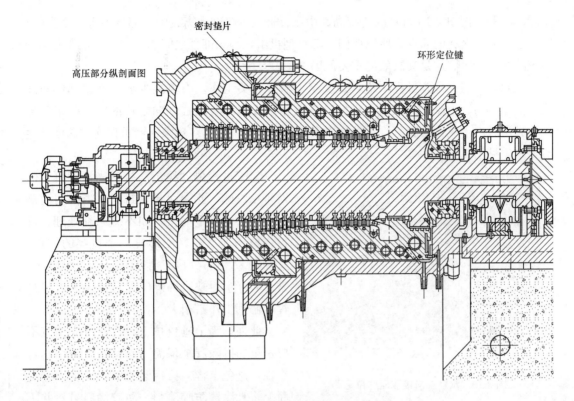

图 3-17　西门子套缸型高压缸剖面

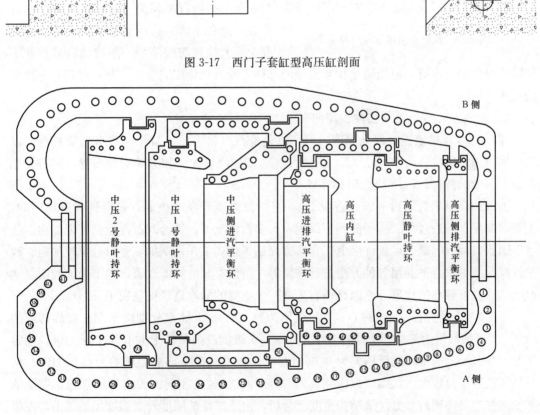

图 3-18　常规汽轮机汽缸示意图

常少。只有一只与外缸紧密配合的内缸，大大减少了潜在的漏点。通流部分唯一存在的安装间隙，仅为内、外缸之间的轴向间隙，此间隙又在汽缸组合后，利用密封垫片彻底解决

了漏汽问题。而图 3-18 所示的传统高、中压合缸汽轮机缸内高、中压部分各有 4 个组件，因此各有 4 个潜在的漏点。所以西门子套缸型机组，静止部件之间的漏汽，必定大大小于传统结构汽轮机。这是其高效的重要原因之一。

因此，我们在检修过程中应尽最大努力做好有关工作，力求减少缸内静止部件间漏汽。例如，高、中压缸开缸时，内缸（隔板套）或持环与汽缸轴向定位的凹、凸相配部位，起吊时由于氧化皮脱落，常常会出现轴向接触面"拉毛"现象。严重拉伤时深度可达数毫米，见图 3-19。

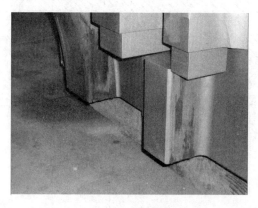

对于进汽侧"拉毛"打磨光滑即可。但对于出汽侧，此端面是密封面。当拉伤沟槽贯穿时必将加重漏汽，如不做修补处理，仅仅将拉伤处磨光，便形成一个贯穿的豁口。这种现象大部分电厂都存在，几乎习以为常。实际上对缺口补焊工作量并不大，只是焊后修刮工作量稍大。

此外，为了避免拉毛，检修时应注意不要过早的拆除汽缸保温。起吊汽缸时，尽量平稳，避免卡涩。修后装复时，在轴向密封面上认真涂抹防咬涂料。防咬涂料虽然并不

图 3-19　汽缸轴向接触面"拉毛"

能阻止氧化层的生成，但能防止相互接触的部件之间，氧化皮黏合在一起，起到防止拉毛的作用。

2. 低压缸 5、6 级抽汽温度偏高问题

（1）5、6 级抽汽温度偏高原因。低压缸是抽汽口最多的汽缸，一般有四级抽汽，以压力递减排序通常称为 5、6、7、8 级抽汽。5、6 抽汽口大多数为非对称布置，左右旋侧各设有一个抽汽口；7、8 级为对称布置。

上级的高温蒸汽漏到下级是造成 5、6 级抽汽温度升高的根源，是得到普遍认同的。上级的高温蒸汽通过什么途径漏到下级呢？大多数情况下，检修时都注意到了低压内缸法兰平面张口漏汽问题。尽管许多电厂在这方面做了很多工作，例如，张口处螺栓加粗、改热紧螺栓或对汽缸平面用各种方法进行修整等，虽然有时能有所改善，但都未能较明显地改变抽汽温度偏高的现象。原因是还有另外一个重要的漏汽途径被忽视了。

举哈尔滨汽轮机厂生产的 600MW 机组为例，5、6 级抽汽分别位于左、右旋持环的后侧。5 级抽汽口前部持环上共有 3 个压力级，6 级抽汽前持环上共有 4 个压力级。额定工况下 5 级抽汽前持环前后压差为 0.66MPa，6 级抽汽前持环前后压差为 0.92MPa。两只持环前后压差较大，犹如"超级隔板"。持环与汽缸轴向密封面没有紧固螺栓，完全依靠轴向推力提供密封紧力。从结构角度上分析，由于持环的刚度及级温度场的关系，变形量一般不大，现场检查结果也的确如此。但支撑持环的汽缸，如前所述，存在明显变形。检修时对低压内缸水平的测量结果可以看出，汽缸的四角扬度不对称，造成汽缸与持环对应的轴向密封面扭曲，即密封面垂直方向投影不在一个平面内，由于两个密封面之间存在

间隙，必将影响汽缸与持环轴向密封效果。因此，持环前的高温蒸汽经由持环轴向密封面的间隙漏到持环后，是造成5、6级抽汽温度升高的另一个重要原因。

由于6级抽汽侧持环前后的压差，大于5级抽汽侧持环前后的压差，因此6级抽汽温度偏高的程度几乎无一例外高于5级抽汽。即使这两只持环轴向密封面漏汽量相同，由于6级抽汽侧持环前后的温差（239.9℃），大于5级抽汽侧持环前后的温差（117.9℃）；同时5级抽汽流量（85 148kg/h）大大超过6级抽汽（40 945kg/h），因此6级抽汽温度偏高的程度也会高于5级抽汽。但持环前后的压差的影响更大一些。由于冲动式汽轮机普遍采用隔板结构，隔板前后压差比持环前后压差小得多，因此冲动式汽轮机较少有抽汽温度偏高的问题，恰好验证了以上的分析。

此外我们应注意到，汽缸位于持环部位法兰平面的宽度约500mm，而持环直径约2700mm，周长为8500mm。持环的密封面周界长度是法兰接合面宽度的十几倍，因此，即使持环轴向存在较小的间隙也会形成较大的泄漏面积。自然容易造成较大的漏汽量。

（2）5、6级抽汽温度偏高的治理。有电厂试用如图3-20所示的方法，减少漏汽。

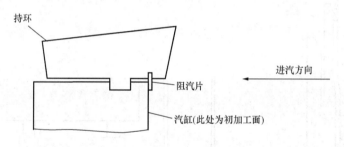

图 3-20　阻汽片与汽缸贴合示意图

在持环的进汽侧开槽镶阻汽片，阻汽片材质为1Ci18Ni9ti，厚度为0.5mm。采用激光切割加工，镶嵌时使用制造厂镶汽封齿的软铁丝做压条，铁丝直径2mm。运行中在压差的作用下，使阻汽片贴紧汽缸的轴向壁面，此端面是初加工面，与持环轴向端面不平行，需要外送加工切削，提高密封效果，取得了一定效果。抽汽温度下降约16～18℃。改造后虽然未达到预期的效果，但还取得了一定的成效。图3-21为加工后的实例图片。

强调阻止轴向漏汽，并不是说可以忽视汽缸法兰平面漏汽。5、6级抽腔室与低压缸

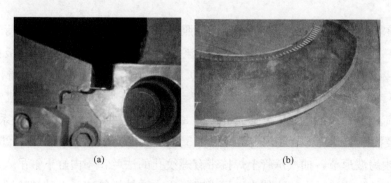

(a)　　　　　　　　　　　　　(b)

图 3-21　持环镶嵌阻汽片实例

（a）阻汽片与密封面贴合情况；（b）持环处镶嵌的阻汽片

进汽室仅有"一墙之隔",此处法兰较窄,法兰螺栓亦较小,且安装位置尴尬不易拧紧,确实容易漏汽。在此,只是想说明多年治理实践证明,仅将消除汽缸平面漏汽,作为解决5、6级抽汽温度高问题的唯一途径,是不全面的,需要综合治理。按照已有的方案在工艺上进一步改进,同时兼顾消除汽缸平面漏汽,一定能取得更好的效果。

3. 7级抽汽温度偏高问题

(1) 7级抽汽温度偏高原因。7级抽汽温度偏高情况与5、6级抽汽不同,与低压缸变形量大无关。5、6级抽汽口均位于Ⅰ内缸,需穿过夹层引出。引出管的结构与高压缸进汽承插管相似,亦采用密封环密封,如图3-22所示。

5、6级抽汽管直径较大,制作明显比高压缸进汽承插管粗糙。因此这两级抽汽的密封环漏汽也极为普遍。7级抽汽为对称布置,设置于Ⅱ内缸。5、6级抽汽承插管距离7级抽汽口很近,如图3-23所示。

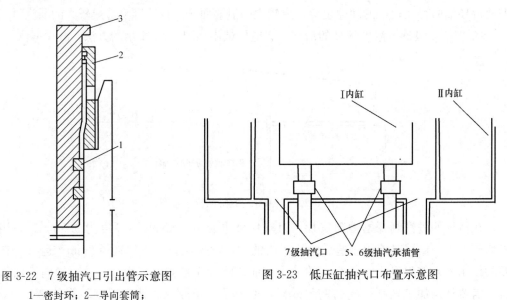

图 3-22　7级抽汽口引出管示意图
1—密封环；2—导向套筒；
3—抽汽短管

图 3-23　低压缸抽汽口布置示意图

由5、6级抽汽承插管漏出的蒸汽,流入7级抽汽口,是造成7级抽汽口温度偏高的原因。

仍以哈尔滨汽轮机厂600MW机为例,按照热平衡图提供的数据,满负荷工况6级抽汽温度为129.9℃,7级抽汽温度为84.3℃,流量为46.09t/h,50%负荷6级抽汽温度为138.3℃,7级抽汽温度为69.8℃,流量为20.77g/h。比较以上参数可以看出满负荷与50%负荷,6、7级抽汽温度变化都不大,但7级抽汽流量大幅度下降,造成混合温度上升,因此负荷越低7级抽汽温度反而越高。图3-24为7级抽汽温度与负荷关系。

(2) 7级抽汽温度偏高治理。笔者设想将5、6级抽汽承插管改为如图3-25所示结构。抽汽承插管改为波形节,抽汽承管上焊接带有螺纹孔的法兰,Ⅰ内缸下缸吊入前,先将拉紧螺栓旋紧在抽汽管法兰上。为使汽缸吊入时,Ⅰ内缸抽汽管法兰上的螺栓顺利插入Ⅱ内缸法兰的螺孔内,可在法兰上安装带有锥度的定位销。下汽缸就位后,工作人员进入凝汽

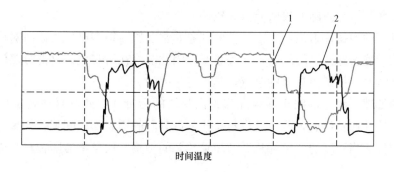

图 3-24　7 级抽汽温度与负荷关系

1—负荷曲线；2—7 级抽汽温度

器汽侧，拧紧倒装的拉紧螺栓。两只法兰之间采用增强石墨垫密封。

　　这项工作需要制造厂协作进行。难点是 Ⅰ 内缸与 Ⅱ 内缸之间的夹层中如何布置波形节。由于两个内缸之间的位置狭小，只能安装几何尺寸较小的波形节（必要时可部分深入 Ⅱ 内缸），为使波形节保持较低的刚度和足够的补偿能力，可采用多层不锈钢复合制作。

　　4. 低压缸进汽室导流环漏汽

　　通常汽轮机低压缸进汽室都装有导流环，导流环与持环之间，由于结构原因没有轴向密封面。仅依靠类似隔板汽封的汽封环密封，是汽轮机通流部分静止部件之间，密封结构最薄弱的地方，如图 3-26 所示。

　　该处汽封与隔板汽封不同，每块汽封块都是用销钉固定的，如图 3-27 所示。汽封块沿圆周方向移动量很小，制造厂对汽封块固定的工艺较粗糙，每块汽封块之间的周向膨胀缝相差很多，有的地方间隙很小，有的地方间隙很大。由于每块汽封都由销钉定位，周向膨胀总间隙很难均匀分配到各汽封块之间。造成部分汽封块周向不密合，留有间隙。在检修现场使用红丹粉检查，汽

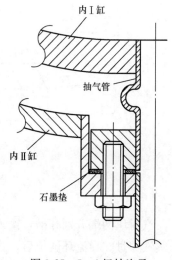

图 3-25　5、6 级抽汽承插管改进图

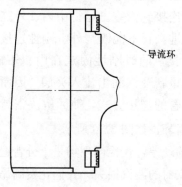

图 3-26　低压缸进汽导流环

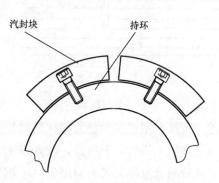

图 3-27　导流环汽封示意图

封环的外圆弧面与持环内圆的接触质量亦较差。

汽封环背部的弹簧片卡涩，失去弹性的现象非常普遍。很多电厂大修时对该处汽封从来不检查，认为静止部件之间的密封无关紧要，因此漏汽在所难免。这部分蒸汽绕过喷嘴流入级内，同时又干扰了主流道的蒸汽，是不应忽视的。

最简易的处理方法是根据实际情况修整汽封块的销钉孔，使汽封块就位后可首尾相接。导流环与持环均就位后，测量各汽封块压紧后其间的周向膨胀间隙，如果过大，在汽封块端面处加接适当厚度的"填补片"。"填补片"的加接方法可参考隔板汽封周向膨胀间隙的调整方法。

如能进行适当改进，效果将更好。改进的方法是在汽封块端部加装阻汽片，如图3-28所示。

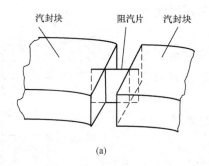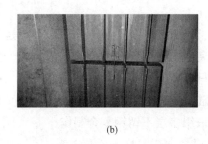

(a)　　　　　　　　　　　　　　　　　(b)

图 3-28　汽封块加装阻汽片示意图

(a) 阻汽片示意图；(b) 实物照片

汽封块两端分别开槽，镶入不锈钢皮制作的阻汽片。一侧镶紧，另一侧自由插入，阻止蒸汽穿过。导流环就位后，汽封块内弧被导流环挡住，外弧面被持环挡住，阻汽片内外圆均有限位不可能逃出，因此没有安全隐患。

如有条件更换汽封块，将汽封块的平端面改为 L 形，亦可取得良好的密封效果。改进后端面如图 3-29 所示。当前，汽封块的加工工艺都是整圈加工完成后，采用线切割的方式分割为数块，因此端面改为 L 形工艺上没有任何困难。

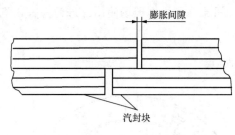

图 3-29　L 形汽封块端面示意图

5. 高、中压进汽承插管漏汽

由于汽缸为双层结构，进入喷嘴的蒸汽要穿过外缸、连接到汽室。运行中内、外缸都要膨胀，因此进汽管不能既与外缸刚性连接又与内缸刚性连接，同时刚性固定在内、外缸上；又不允许大量新蒸汽漏出流入夹层。因而进汽管采用承插管的连接方式，兼顾解决密封与膨胀问题。现场采用较多的是活塞式密封环与压力式密封环，如图3-30所示。

对于进汽承插管疏于检查，或处理工艺方法粗糙的现象，在检修现场是十分普遍的现象。承插管漏汽量增大带来的损失，可超过任何一道汽封的漏汽损失，我们花费高昂的费用，采取各种措施努力减少汽封漏汽的同时，却忽略花费很少费用就可以减少的损失，是

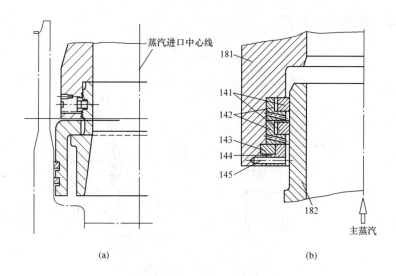

图 3-30 高、中压进汽承插管
（a）压力式密封环；（b）活塞式密封环

不明智的。

进汽承插管，直接接触新蒸汽，因此无论哪一种密封结构，表面氧化都是不可避免的。由于氧化皮十分坚硬，将氧化皮清理掉，又不划伤短管壁面确实比较困难。检修现场往往习惯于使用电动角磨机清理氧化皮。虽然工作效率较高，但清理后承插管外圆非常明显地被磨出很多微小的平面，不再是一个规整的圆柱面，势必影响与密封环的接触质量，增大漏汽量。使高品质的主蒸汽、再热蒸汽，漏入夹层形成严重的损失。因此应改变这些不良的工艺方法，坚持使用手工清理。尽最大努力，提高承插管的光洁与规整水平。

对承插管密封环的清理方法也需要改进。氧化皮会造成密封环卡涩，在松动密封环的过程中很多电厂使用铜棒敲打，密封环内壁被打出许多明显的小凹坑，同样会影响短管与密封环的接触质量。应在检修工艺中明确规定，松动密封环时只能使用木槌或铅锤敲打，确保密封环不被击伤。应将密封环当做汽车发动机的活塞缸看待，需要用非常认真、细致的态度进行修理，即使花费很多的时间与人工，也是值得的。同时还应注意检查密封环与短管的配合，如密封环变形、轴向拉出较明显穿槽或径向间隙超限，应更换密封环。

国外相关工程技术人员，为减少承插管漏汽，做了很多努力，开发出一些新型结构，其中比较突出的是阿尔斯通的产品，其结构如图 3-31 所示，根据资料介绍做到了零泄漏。

6. 低压缸进汽管漏汽

与高、中压缸相同，低压缸进汽也要穿过外层缸进入内层缸。由于进汽参数较低，采用弹性连接

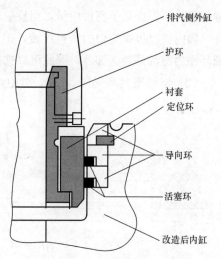

图 3-31 新型承插管结构

形式的补偿器，如图 3-32 所示。

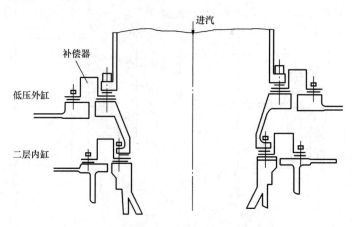

图 3-32　低压缸进汽管

制造厂提供的法兰垫片，均为石棉橡胶板（俗称纸板垫）。补偿器几何尺寸大，由于石棉橡胶板回弹能力较弱，很容易造成垫片密封紧力不足导致垫片吹损。检修现场发现泄漏的现象十分普遍，改用增强石墨垫，利用其良好的回弹能力，是彻底解决漏汽很有效的办法。

7. 国外机组防静止部件内漏措施

国外的机组对静止部件的内漏重视程度，远高于我们。对了解到的措施做一个简单介绍，供借鉴。

（1）L 形挡汽板如图 3-33 所示。高压缸固定内缸或持环的槽口内，上下汽缸分别在进汽方向，各安装一块断面形状为 L 形的挡汽板，用螺栓固定在汽缸上。L 形的挡汽板伸出槽口的部分较薄，有良好的弹性，在蒸汽压力作用下与持环贴紧。L 形的挡汽板与持环端面呈线接触，保持较高压强，阻止漏汽。

持环出汽侧与汽缸的槽口内接触面处，用螺栓固定了一只相当于阀线的圆环密封键。这样的设计不但提高了密封质量，而且一旦检修起吊时密封件被拉毛，可以很方便地拆下来处理（国内机组也有类似的密封设置，但都是与持环连为一体的，不能拆下）。L 形挡汽板与圆环密封键都是独立部件，因此可以选择最适宜的材料制作，非常有利于防止"咬煞"。

（2）键槽密封环见图 3-34。外缸内壁固定内缸、持环或隔板套的槽口处，设置键槽

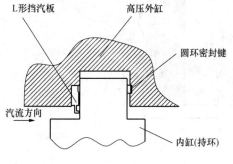

图 3-33　L 形挡汽板示意图

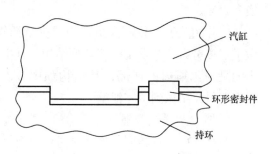

图 3-34　键槽密封环示意图

密封环。槽口是内缸或持环的轴向定位点，内缸或持环由此向前后两侧膨胀。由于键槽密封环与槽口距离很近，因此不会影响内缸或持环的轴向膨胀，但其膨胀的力量将驱使内缸或持环与其贴紧，提高密封质量。且由于键槽密封环的断面尺寸很小，刚度较低，在密封面平行度有少量偏差时，可以通过键槽密封件的变形补偿，确保密封效果。

（3）弹性密封环，见图 3-35。持环或隔板套与汽缸定位的槽口部位，外圆处安装类似汽封块的弹性密封环，密封环由两个半圆组成，其外径与汽缸的凹部内径相同，密封环内圆装有很多弹簧片，因此密封环有径向移动的能力，可以适应持环或隔板套与汽缸之间一定程度的不同心。由于密封环为两个半圆组成，与汽封块相比圆周方向没有接缝，形式上更接近活塞环。故密封能力高于其他静止部件常用的汽封块形式的密封件。

（4）Ⅰ形密封环，见图 3-36。Ⅰ形密封环安装在Ⅰ低压内缸与Ⅱ低压内缸之间的夹层处。断面呈哑铃状，两端的半圆形凸起，分别与内、外缸相配，半圆形凸起部分为密封线，其腰部平直部分有良好的弹性。Ⅰ形密封环由上下两半组成，上下半接合处平直部位有重叠放置的连接板，用螺栓连接，使之成为一个整体。扣缸时，先将上半密封环通过连接板固定在下半密封环上，成为一个环形整圆。由于密封环与汽缸之间留有安装间隙，圆环外缘凸起部分较薄，能起到导向作用，因此不会造成扣缸困难。

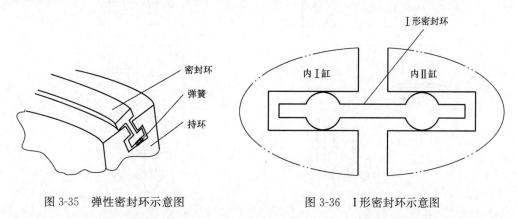

图 3-35　弹性密封环示意图　　　　　　图 3-36　Ⅰ形密封环示意图

运行中在蒸汽的压差作用下密封环向出汽侧贴紧，依靠半圆形凸形成的"阀线"起到密封作用。密封环腰部平直部分，依靠其良好的弹性，能够适应Ⅰ内缸与Ⅱ内缸之间安装及膨胀差等原因形成的错口。

8. 认真治理静止部件之间的漏汽

治理静止部件之间的漏汽问题技术上的难度，并不大于降低汽封漏汽。但当今市场上有大量的，不同形式的汽封可供选购，且无论选择什么形式的汽封，都不需要对原有设备做任何处理。处理静止部件之间的漏汽则不同，市场上没有现成的产品可供，而且每一种形式的改进，都需要对原有部件进行加工处理。虽然增加了一些工作量，但其难度并不高，只要认真筹划，都是可以完成的。

第五节　转　子　检　修

一、转子结构简介

大容量高参数机组均为整段转子。蒸汽在汽轮机通流部分膨胀做功时，将产生很大的轴向推力。反动式汽轮机轴向推力更高，为了平衡轴向推力，高、中压级组无论合缸与否均为反向布置。高、中压合缸的机组通常在转子中部，即调节级与中压首级之间，俗称为过桥汽封处布置高、中压两级平衡活塞，平衡转子高压部分的轴向推力，见图 3-37（a）。平衡活塞与平衡活塞套之间依靠汽封密封。由于平衡活塞前后侧蒸汽压力不同，将产生与转子通流方向相反的轴向推力，共同作用在转子上，使转子的剩余推力大大减小。

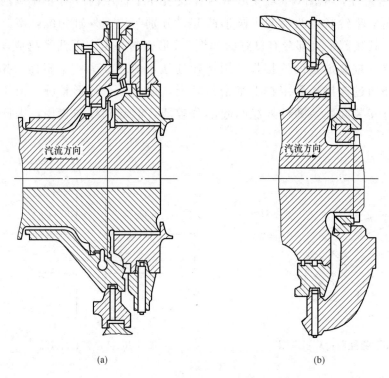

(a)　　　　　　　　　　　　　　　　(b)

图 3-37　平衡活塞示意图

（a）过桥汽封；（b）高压缸低压平衡活塞

高压缸排汽侧布置有低压平衡活塞，用来平衡转子中压部分的轴向推力，见图 3-37（b）。

二、过桥汽封漏汽

目前几乎所有机组过桥汽封漏汽量都超过设计值。高压过桥汽封漏汽，绕过高压缸造成做功损失，使再热器吸热量减少，机组热耗上升。漏入中压缸的蒸汽与再热蒸汽混合后降低了中压缸进汽焓，使中压缸的有效热降降低亦形成损失。过桥汽封漏汽量，一般设计为再热蒸汽流量的 2% 左右。当漏汽量超过设计值时造成了额外损失。

1. 过桥汽封漏汽量大原因分析

所有电厂检修对于过桥汽封漏汽的治理都十分关注，尽管如此效果却不尽如人意，几乎没有一台机组过桥汽封漏汽量能达到设计值。漏汽严重的机组，漏汽量高达设计值的 $2\sim3$ 倍。据试验分析占主蒸汽流量 1% 的过桥汽封漏汽量影响机组热耗约为 0.25%。对漏汽分析的文章，均将过桥汽封作为一个整体进行分析，这是一个错误认识，影响了对问题判断的正确性。

反动式机组在过桥汽封处设有平衡管。平衡管一端置于高压过桥汽封与中压过桥汽封之间的腔室，另一端连通至高压缸排汽口。按照汽轮机的设计意图，来自调节级后蒸汽，经过高压过桥汽封后分成两部分，一部分经中压过桥汽封漏入中压缸首级动叶；另一部分蒸汽通过平衡管漏入高压缸排汽口。因此，过桥汽封的漏汽量由高压侧过桥汽封漏汽和中压侧过桥汽封漏汽两部分组成。由于有平衡管联通，因此高、中压过桥汽封之间的腔室处的压力，始终与高压缸排汽压力相同。此平衡管，管径设计裕度非常大，即使高压过桥汽封的汽封齿全部磨掉，汽封间隙面积倍增，仍然不会超过平衡管的通流面积。因此高压过桥汽封漏汽量只会改变平衡管内的蒸汽流量，而不会改变中压过桥汽封前腔室的压力。此腔室压力恒等于高排压力，即再热器冷端压力。无论高压过桥汽封漏汽量很大或很小都不会改变此腔室的压力。

中压过桥汽封与中压缸第一级喷嘴出口处联通，因此中压过桥汽封后压力恒等于中压缸第一级喷嘴出口压力。由此可知中压过桥汽封前后压差，任何时候都等于再热器冷端压力与中压缸第一级喷嘴出口的压力差，与高压过桥汽封漏汽量无关。同样中压过桥汽封的漏汽量，也不会对高压过桥汽封造成影响。经过上述分析，可以看出，实质上高、中压过桥汽封是两个各自独立的系统，因此对它们的漏气情况要分开来讨论。

首先分析一下中压过桥汽封的情况。过桥汽封的漏汽是发生在高、中压缸内部的，因此用常规方法是无法进行直接测量的。而是利用同一高压调门开度下，通过人为的，分别改变主蒸汽温度、再热汽温度，观察中压缸效率的变化进行的。应指出这一测量方法，测量出的漏汽量仅是过桥汽封漏入中压缸的蒸汽量，即中压过桥汽封的漏汽量，并非过桥汽封全部漏汽量。

汽封漏汽量的计算方法很多，各有不同，我们选取一个被教科书引用较多的公式，即

$$\Delta G = \mu_{\mathrm{p}} A_{\mathrm{p}} \sqrt{\frac{p_0^2 - p_z^2}{z_{\mathrm{p}} p_0 v_0}}$$

其中
$$A_{\mathrm{p}} = \pi d_{\mathrm{p}} \delta_{\mathrm{p}}$$

式中　ΔG——漏汽量；

　　　μ_{p}——流量系数；

　　　A_{p}——漏汽面积；

　　　p_0——汽封前蒸汽压力；

　　　p_z——汽封后蒸汽压力；

　　　z_{p}——汽封齿数；

　　　v_0——蒸汽比容；

d_p ——汽封齿平均直径；

δ_p ——汽封间隙。

从公式中可看出漏汽量与汽封齿数机汽封间隙成反比，与汽封前后压差成正比。尽管计算公式各有不同，但上述结论是相同的。对于中压过桥汽封而言，p_0 与 p_z 的压差恒等于再热器冷端压力与中压缸第一级喷嘴出口的压力差，其大小仅随负荷变化，汽封齿数 z_p 是已定的，因此漏汽量 ΔG 仅与汽封间隙 δ_p 有关。

绝大部分机组由于中压过桥汽封前后压差较小，通常只设置一道汽封。目前大部分机组已经将这道汽封的间隙调整得很小，但漏汽量仍然超标。电厂不可能对汽轮机的结构进行改进，没有增加汽封齿数的可能，也没有进一步调小间隙的可能。目前中压过桥汽封已经普遍采用布莱登汽封，而且已经将间隙调整到很小但仍不能达到需要的密封效果，因此，只能寻求其他形式的新型汽封。当前可供选择的汽封有刷式汽封与金属浮动齿汽封。但这两种汽封都不具备"开、合"功能，在经历机组启停的热不稳定状态与过临界时发生的冲击后，是否仍然能够保持较好的密封效果，尚待实践考察。经过上述分析可以看出，减少中压过桥汽封漏汽量（即习惯上泛指的过桥汽封漏汽量），只能在这一道中压汽封自身上找出路。

2. 平衡管内的蒸汽倒流问题

再来分析高压过桥汽封，为了使问题变得更清晰，将其简化为管路系统如图 3-38 所示。

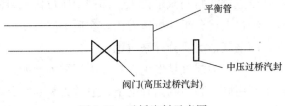

图 3-38　过桥汽封示意图

汽封漏汽量是随着汽封间隙的减小而减少的，因此可以将高压过桥汽封简化为一个可调节开度的"阀门"。"阀门"前为调节级后压力（压力最高）。平衡管内压力恒等于高排压力，中压过桥汽封后压力恒等于中压缸第一级喷嘴出口压力（压力最低）。平衡管与高中压过桥汽封之间连通处为三通。"阀门"蒸汽前压力高于平衡管及中压过桥汽封蒸汽压力。若阀门不节流，进入中压过桥汽封的蒸汽一定来自"阀门"，同时还有一部分蒸汽经三通分别流入平衡管。如阀门节流，情况将发生变化。进入中压过桥汽封的蒸汽既可以来自阀门，也可以来自平衡管，取决于阀门开度。若阀门开度减小，这股蒸汽流量随之减小，进入中压过桥汽封的蒸汽将逐渐被来自平衡管的蒸汽取代。此时，平衡管内的蒸汽将自高排倒流入中压过桥汽封。即冷却蒸汽由调节级后蒸汽，变为高排蒸汽（许多人对此不理解，实际上这种情况与日常生活中使用冷热水龙头控制水温情况几乎完全相同）。

由于高压过桥汽封前后压差较大，大部分机组通常在过桥汽封高压侧设置 5 道汽封。汽封数量多，且随着大量使用布莱登汽封，并将间隙调整得很小，使得来自高压过桥汽封的蒸汽量大幅度降低，由此导致倒流现象发生。

前几年，刚开始在过桥汽封处使用布莱登汽封时，制造厂是明确持反对意见的。他们担心汽封间隙过小，漏流量过低，造成中压转子冷却蒸汽不足，影响安全运行。因此，改造初期只是将部分过桥汽封改为布莱登汽封。经投运后试验证明漏汽量仍然严重超标，没有发生冷却蒸汽不足的现象。因此，逐渐地变为目前全部改用布莱登汽封的局面。经上述分析可以看出由于没有进行具体的分析，不但没有取得预期的效果，又增加了改造费用，反而有负作用。

3. 平衡管内蒸汽倒流实验

为了证实平衡管内蒸汽倒流的推测，在某电厂一台 600MW 机组过桥汽封至高压缸排汽平衡管的外壁上，安装了一只热电偶温度测点。安装部位，位于过桥汽封与平衡管高排接口等距离处。

该机组高压侧过桥汽封共装有 5 道，中压侧装有 1 道。所有汽封均为布莱登汽封，汽封间隙调整标准为 0.40～0.45mm。

图 3-39 为机组冷态启动时过桥汽封到高压缸排汽平衡管壁温变化趋势曲线（屏拷）。

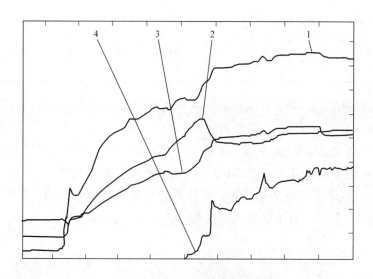

图 3-39　冷态启动平衡管管壁温度变化

1—调节级蒸汽温度；2—过桥汽封到高压缸排汽平衡管壁面温度；
3—高压缸排汽温度；4—机组负荷

图中各参数曲线的变化情况，反映出随机组负荷增加，高压缸排汽平衡管壁面温度的变化趋势。

表 3-1 是根据图 3-39 在不同时间对应的各曲线数值编制的，可直观地看到平衡管壁温变化情况。从表中可以看出，机组启动后平衡管管壁温度，介于调节级温度与高排温度之间。负荷升至 64MW 时调节级温度为 436℃，平衡管管壁温度为 351℃，高排温度为274.5℃。此后平衡管管壁温度迅速下降，从温度变化情况看来，应是布莱登汽封闭合的反应。20 分钟后负荷升至 142.8MW 调节级温度升至 476.5℃，高排温度为 301.9℃，平衡管管壁温度降至 295.5℃，此后始终维持在比高排温度低 10～20℃的水平（因所测温度为平衡管的管壁温度，并非高排温度蒸汽温度，故略低）。

表 3-1　　　　　　　　　　　　冷态启动平衡管管壁温度变化情况

序号	时间	负荷 (MW)	调节级温度 (℃)	高排温度 (℃)	平衡管壁温 (℃)
1	7：43	0.2	55	20	48.5
2	8：39	0.2	180.7	116.1	113.8
3	7：33	0.2	316.9	116.7	201.9
4	10：28	0	369.2	207.4	251.6
5	11：23	0	402.9	219.5	304.5
6	11：51	51	412	250	350.8
7	11：58	64	436	274.5	351
8	12：15	143	472	298	298
9	12：16	142	472	299	295
10	12：18	142.8	476.5	301.9	295.5
11	13：13	165	484	311	292
12	14：08	211.7	505.7	326.1	311
13	15：03	224.2	511.7	329.1	316.7
14	15：58	245	497.4	319.7	308.9

　　图 3-40 是机组温态启动时，高压缸排汽平衡管壁面温度趋势。各时间段平衡管温度变化情况见表 3-2。

　　启动前调节级金属温度为 291℃。启动后，240MW 前，平衡管壁温始终保持在比调节级蒸汽温度低约 10℃ 的水平。270MW 后平衡管壁温开始缓慢下降。549MW 时两者温差拉大到约 70℃。此后开始迅速下降，估计此时布莱登汽封全部闭合。约 20 分钟后从 451.6℃ 降至 319℃，并一直保持在比高排温度低约 10℃ 的状态。

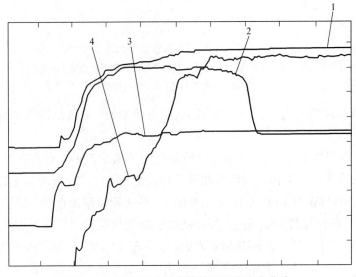

图 3-40　温态启动平衡管管壁温度变化曲线

1—调节级蒸汽温度；2—过桥汽封到高压缸排汽平衡管壁面温度；3—高压缸排汽温度；4—机组负荷

两台机组的启动情况不同，但稳定运行后情况类似。平衡管管壁温度的变化，反映了平衡管内蒸汽的流向。如蒸汽自过桥汽封流向高排，平衡管壁温度应接近调节级温度，反之应接近于高排温度。因此，通过该机组启动过程中，平衡管壁温与高排温度的比对可以清楚地看到，启动初期布莱登闭合或未全部闭合时，蒸汽自过桥汽封流向高排。待布莱登汽封全部闭合后，正常运行中平衡管内蒸汽确实是倒流的。各时间段平衡管温度变化，见表 3-2。

表 3-2　　　　　　　　　　　　　各时间段平衡管温度变化

序号	时间	负荷 （MW）	调节级温度 （℃）	高排温度 （℃）	平衡管壁温 （℃）
1	5：54	0	249.6	102	229
2	6：47	0	291	99	229
3	7：42	81	415	312	366
4	8：34	217	487	321	479
5	9：29	332	503	321	482
6	10：22	497	524	327	482
7	10：37	537	523.7	327	482
8	11：16	545	523.7	327	466.7
9	11：30	549	523.7	327	451.6
10	11：45	548	523.7	328	328.7
11	11：52	546	523.7	327	319
12	12：10	551	527	327	319.4
13	13：04	548	527	327	319
14	13：58	553	527	327	319

4. 平衡管内蒸汽倒流的危害与防止

按照汽轮机按照设计意图，再热蒸汽的进口区域内的转子表面和中压首级动叶叶根处，利用中压平衡活塞漏入的调节级后蒸汽进行冷却。冷却蒸汽在中压首级静叶后与主汽流汇合。如此，可使该段中压转子和叶片不与高温蒸汽接触。这股漏入的蒸汽温度适当，即可使受保护部分的金属温度明显地低于中压缸进口的再热蒸汽温度，又不会因为冷却汽温度太低，造成金属应力过大，其过程见图 3-41。

自高排倒流的蒸汽温度与再热蒸汽的温差约 200℃，如此低温的蒸汽流入中压转子表面，势必大大增加了金属的应力。

正常运行中，调节级后经高压侧过桥汽封漏过来蒸汽的温度，在汽封的节流过程中平缓地下降，转子与平衡活塞的温度应与其非常接近。金属的温度场处于稳定状态。来自高排的低温蒸汽，自平衡管流入窄小的环形空间，对周边金属尤其是转子，造成很大温差，且有不均匀的冷冲击，对机组安全运行是极为不利的。同时，高压过桥汽封"漏流量"过小时，冷却能力下降在鼓风摩擦的作用下蒸汽温度将上升，同样不利于机组安全运行（当

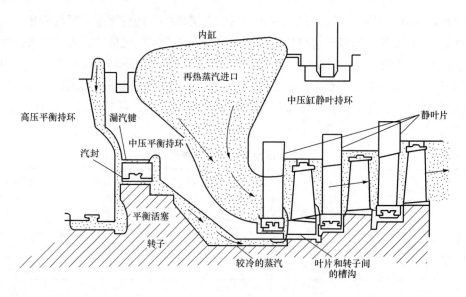

图 3-41 中压转子冷却汽示意图

前，听说数起高压转子弯轴事件，弯轴均发生在过桥汽封处，虽然目前尚无证据证明因此引起的，但确实应引起注意）。而且由于温度低得多的高排蒸汽取代调节级后蒸汽，流入中压缸与再热蒸汽混合势必对中压缸的实际缸效，造成更大的影响。

综上所述，过桥汽封漏汽量大的治理应全面考虑。盲目地将所有过桥汽封间隙减小，并非科学的办法，一旦高排蒸汽倒流，不但影响经济性，同时必将给机组运行安全性带来不利影响。因此不可以一味的减小高压过桥汽封的漏汽量，较理想的状态是，高压过桥汽封腔室压力维持在略高于高排压力的水平。如此，既可以保证高排汽不倒流，又可以减少过桥汽封漏入高排的蒸汽量，同时可以确保流入中压缸的冷却汽为温度适宜的调节级后蒸汽。事实证明，高压侧过桥汽封改为布莱登汽封并减小汽封间隙是不恰当的，至少说全部改用布莱登汽封是不适宜的。

以目前情况看来尚不能排除，高压侧过桥汽封即使全部使用制造厂提供的传统梳齿汽封，并按照制造厂规定的标准调整汽封间隙，也有发生倒流的可能性。改用布莱登汽封并调小间隙，也可能只是进一步加剧了倒流。是否如此，尚待试验证实。

治理过桥汽封漏汽时，还应注意另一个漏汽渠道，即平衡活塞套与汽缸之间的漏汽。各类型机组平衡活塞套的结构不同，大至分为两种结构，一种是高、中压过桥汽封各有一个平衡活塞套，如图 3-37（a）所示。另一种是高、中压过桥汽封共用一个平衡活塞套，如图 3-42 所示。平衡活塞套密封块活塞套外圆中压侧端部及活塞套中部各有一圈密封环。端部密封环阻止再热蒸汽绕过喷嘴直接漏入级间，中部密封环则阻止过桥汽封腔室蒸汽漏入再热蒸汽（直接影响过桥汽封漏汽量）。无论是哪一种结构都应注意检查平衡活塞套与汽缸的密封情况。很多电厂检修时往往非常注意汽封的漏汽，而忽略平衡活塞套与汽缸之间的密封情况。后一种结构的平衡活塞套尤应注意。统计数据表明，后一种结构的漏汽率大于前一种结构。前者是两个独立的平衡活塞套，两个活塞套都采用与汽缸槽口相配的轴向密封结构，活塞套与汽缸相对密封效果较好。后者由于高、中压缸共用一个平衡活塞

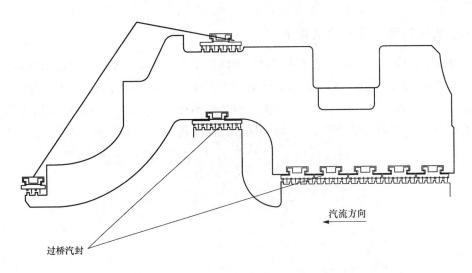

图 3-42　高、中压过桥汽封共用一个平衡活塞套

套，需考虑高、中压内缸之间轴向膨胀问题。因此在高压缸侧采用与汽缸槽口相配的轴向密封，与中压缸相配处只能采用类似汽封的密封装置，因而密封效果不如前者。

如前所述，检修现场对静止部件之间的密封普遍不够重视，对平衡活塞套密封块的损坏情况及密封块弹簧弹性是否正常，很多电厂根本不予检查，或发现问题也不予处理。平衡活塞套密封块周向膨胀间隙测量比较困难，几乎所有电厂都不测量。与隔板汽封不同，平衡活塞套密封块被弹簧顶足时，并非在工作位置，只有在活塞套就位后密封块被撑开，才能反映出实际工作位置。此时，由于结构原因密封块处在隐蔽位置，无法测量周向间隙。通常，半径方向密封块被顶开约 2～3mm，周长变化很大，如图 3-43 所示。

经现场测量，周向膨胀间隙可达 10mm，对漏汽量的影响不可忽视。建议采用如下办法测量，下半活塞套就位后，在中分面处向下轻轻敲击下部密封块，使其首尾相连。装复上半活塞套，放入上部密封块"抱紧"在活塞套对应位置上，与下半对接封且首尾相连后，测出周向间隙，以予调整。为减少漏汽，活塞套中部的密封块，可参考图 3-28、图 3-29 所示的方法在汽封块间加装阻汽片，减少漏汽。

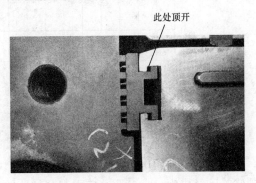

图 3-43　活塞套密封块组装情况

此外，由于密封块的齿片厚度仅有 0.5mm，机组运行中，齿片与活塞套碰磨，齿片受损出现很多缺口的现象非常多。密封块的齿片与汽封不同不会与转子碰磨，没有必要设计得如此薄，完全可以适当加厚。

平衡活塞与隔板不同，蒸汽流过其间并不做功，仅为一个密封件。因此与转子同心的要求，并不重要。检修时应更注意平衡活塞套与汽缸洼窝的同心度，以提高活塞套与汽缸的密封效果，减少漏汽。

三、转子轴弯测量的记录方法

当前机组检修后，启动发生碰磨引起振动的情况非常普遍，碰磨引起振动势必造成转子热弯。尽管这种弯曲属于临时弯曲，大修时仍需要认真进行轴弯测量。测量方法许多教材均有介绍，不再累述。如大轴多点弯曲，且弯曲不在一个平面里，以往绘制轴弯曲线时的表述方法不便，建议用下列方法，将不同方位曲线置于同一正交坐标内，一目了然，见图 3-44。

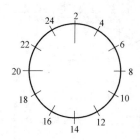

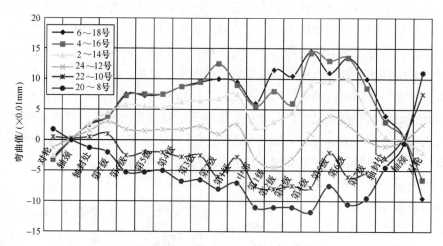

图 3-44 低压转子弯曲图

四、轴颈拉伤处理

与轴承乌金面拉伤的情况相同，轴颈表面拉伤在国内电厂中已经司空见惯，以至于轴颈修补已经成为一个专业，应引起全行业的高度重视。轴颈表面拉伤发生的原因业内人员都非常清楚，是由于润滑油的清洁度不良造成的。虽然每个电厂启动前都会滤油，对油质取样化验，确认合格方可启动。正如前面叙述中提到的，由于对油系统的清洁工作认识不足、要求不高、工作不到位，几乎所有国产机组投运后，轴颈表面都有不同程度的拉伤现象。目前轴颈损伤处理的方法很多，归纳起来主要有如下几种：

1. 轴颈的修补方法

（1）热喷涂法。热喷涂是将粉末或线状材料加热熔化后，用高速气流吹成雾状，喷射到工件表面磨损部位形成覆盖层，恢复原尺寸。根据热源分类，热喷涂主要有，电弧喷涂、火焰喷涂、离子喷涂、爆炸喷涂等。汽轮机轴颈喷涂较常用的方法是电弧喷涂、火焰喷涂。热喷涂法产生至今已经有 80 余年历史，我国于 20 世纪 50 年代开始引进喷涂技术，因此喷涂技术是一项成熟的技术。喷涂费用较低，加工周期短，但涂层与基体为机械粘结，存在气孔、夹渣、组织粗大等弱点，涂层与母材结合强度较低，涂层耐冲击性和防异物划伤能力较差。

(2) 电刷镀法。电刷镀法的工艺是在通电的状态下，用蘸电镀液的阳极与作为阴极的被镀工件，相对接触运动时产生的化学反应对母材进行涂镀。由于涂镀液浓度和电流密度大，涂层沉积速度快，因此修复工期短，费用低；随着涂刷厚度增加应力也随之增加，涂层耐磨、抗冲击及异物划伤的能力均比较差。

(3) 微弧焊法。微弧焊法的工艺是将电源存储的高电能，在高合金电极与金属母材间进行瞬时高频释放，形成空气电离通道，使电极与母材表面产生瞬间的微区高温、高压的物理化学冶金过程。同时在微电场作用下，微区内离子态的电极材料溶渗、扩散到母材基体，形成冶金结合。微弧焊，现场修复工期短，修补层与母材结合力较强，但其修补效率低，补覆层空隙率较高，大面积修补难度较大。

(4) 电火花沉积堆焊法。电火花沉积堆焊技术是利用旋转电极与工件基体之间产生的瞬间高能放电的原理，在电极与工件的"相对最近点"产生电火花，在非常小的放电区域内，瞬间流过的电流很大，其电流密度高达 $10^5 \sim 10^6\,\mathrm{A/cm^2}$，时间上和空间上的高度集中放电，产生大量的热能，使电极和工件上极微小的放电点处的金属熔化，熔化的金属离开电极沉积堆焊到母材表面。沉积堆焊时在微电场作用下，微区内离子态的电极材料溶渗、扩散到母材基体，形成冶金结合，达到沉积堆焊的效果。由于沉积堆焊过程是在瞬间的高温—冷却状态下进行，在基体表面产生快速微小熔化，冷却的基体又使熔化区快速冷却，因此产生电火花强化的效果。因为电火花沉积堆焊在微区内快速进行，所以对基体的热输入量很低。操作过程中基体温度为 20~60℃，热量在基体中的传导和扩散范围很小，热影响区约为 0.10mm，热应力很低。电火花沉积堆焊法的修补效率较低，大面积修补难度较大。

(5) 机械车削加工。机械车削加工有两种选择，返回制造厂在大型车床上精车，但转子体积庞大往返运输不易，因此加工周期较长。同时，重新上车床加工，找出原始中心亦有难度。另一种选择是利用专用回转机械加工设备，在现场就地精车与珩磨轴颈。目前加工质量最优秀的设备是 TR 精车与珩磨加工装置。该装置采用套装在被加工轴颈上的鼠笼式车床，通过床体上的精密导轨和丝杠带动车刀头和磨头绕大轴旋转，进行车削和珩磨。加工时，采用以轴肩或未磨损的原始轴颈面为基准面，用千分表进行精调，可使床体的回转中心与原始中心偏差小于 $3\mu m$，确保加工后的轴面中心与原始中心的同心度。装置外观如图 3-45 所示。

使用 TR 精车与珩磨装置在现场加工轴颈，可在不开缸、不抽电转子的情况下进行。加工精度：与原始面的同轴度≤0.01mm、圆度≤0.01mm、同柱度≤0.02mm、表面粗糙度 R_a≤0.4μm。超过了当前制造厂的加工标准。

2. 轴颈的修补方法比较

上述修补方法各有优、缺点，前 4 种方法修补后轴颈均可恢复到原来尺寸。对轴颈修

图 3-45　TR 精车与珩磨加工装置外观

补最关键的要求是修补的可靠性及修补后轴颈的加工工艺质量。就可靠性而言，现场使用结果表明，微弧焊法与电火花沉积堆焊法比热喷涂法和电刷镀法可靠，后两种处理方法都曾发生过渡层脱落的事件。但微弧焊法与电火花沉积堆焊法修补后，为去除修补多余部分，轴颈表面都需要重新加工，才能恢复到原始尺寸。受现场加工机具能力限制，至今为止加工质量较低。尤其是修补区域与未修补区域之间的过渡段还只能通过手工修整，整体水平尚待提高。

机械车削加工不存在修补层问题，因此没有影响安全运行的后遗症。但车削后轴颈直径减小，需要对轴承进行相应的修整，且从此只能使用非标轴承。

3. 轴颈的修理要求

汽轮机轴颈加工要求很高，根据行业标准要求光洁度要求达到 0.4，轴颈对轴的不同轴度 ≤0.025mm，轴颈椭圆度 ≤0.02mm，圆锥度 ≤0.02mm。轴颈修补质量是否达到标准要求，直接影响到运行品质，需谨慎对待。无论采用哪种方法处理，都应仔细地做好测量检查，并做详细的记录。

对于较轻的拉毛、划伤，能不修补尽量不要修补，使用油石打磨是最稳妥的处理办法。

在检修过程中还应注意，不但要保护好轴颈，还需要保护好轴振测量探头对应的部位，这些部位的轴面不得有拉毛、拉伤等划痕，否则会对轴振测量产生干扰信号，严重时无法识别轴振的真实水平。

五、叶轮的鼓风损失与叶轮清理

汽轮机在运行中叶轮的两侧充满了具有黏滞性的蒸汽，当叶轮旋转时，紧贴在叶轮表面的那层蒸汽以相同的速度跟随叶轮旋转，而紧贴隔板和缸壁的蒸汽速度为零。因此，在叶轮两侧及外缘的间隙中，蒸汽沿轴向形成的层与层之间的速度差，产生摩擦消耗了叶轮的部分有用功。

　　另外随着叶轮一起旋转的蒸汽产生离心力，紧贴叶轮处的蒸汽质点离心力大，因而产生向外的径向流动；紧贴隔板处的蒸汽因圆周速度小，产生的离心力亦较小，自然向中心流动填补叶轮附近的空隙，如此叶轮四周的蒸汽产生涡流，亦消耗了叶轮的部分有用功。这两项损失构成了叶轮的摩擦损失。

　　从结构上看，可以通过减小叶轮与隔板间的轴向间隙及降低叶轮表面粗糙度的方法减少叶轮摩擦损失。在检修中不可能改变叶轮与隔板间的轴向间隙，但恢复叶轮表面光洁度，是完全做得到的。

　　影响摩擦损失的主要因素有圆周速度 u，级的蒸汽比容 v 以及级的平均直径 d，从汽轮机的高压端到低压端，u、v、d 都呈增大趋势，但 v 增大得特别显著，因此对叶轮摩擦损失影响最大。在汽轮机高压部分各级中，由于比容 v 较小，叶轮摩擦损失较大，汽轮机检修时会发现由于温度关系，恰好高压部分各级叶轮表面氧化皮最突出，叶轮光洁度下降最严重。总体来说叶轮摩擦损失确实不是一项很大的损失。但检修对叶片喷丸清理时，顺便清理一下高压转子叶轮，工作量并不很大，有益无害。而现场却极少有这样做，绝大多数只清理叶片不清理叶轮及转轴。

六、动叶片

（一）动叶结构简介

　　动叶片是汽轮机中数量最多的，也是最重要的部件。叶片的基本结构，简单地说是由叶身、叶顶、叶根三部分组成。运行中这三部分都会引起效率损失。叶身即叶形部分，是工作蒸汽的重要通道，叶片的主要损失即叶形损失就发生在这里。叶顶与叶根，即会发生摩擦损失，又会发生漏汽损失。技术的进步使叶片结构由简单向复杂，形式繁多，目的都在于提高效率与确保叶片安全运行。

1. 叶身

　　叶片的几何形状通常用径（d）高（h）比表示，当 $d/h=13$ 时，叶片高度相对较小，基本上可以认为蒸汽的流动只是沿着轴向一元流动。为了简化加工工艺，这类叶片常设计为等截面直叶片。随着叶片设计制造能力的提高，目前，大容量机组的高压叶片也采用变截面扭叶片。当叶片的径高比达到某一数值时，蒸汽在叶片中流动的状态和流动参数不只是沿着轴向变化的一元流动，还有径向流动出现时，相应叶片将设计成变截面叶片。一般的变截面叶片在其流道中的蒸汽参数是按轴向和径向变化的两元流动。这部分叶片主要是指中压级段的叶片。对于低压缸末几级叶片由于径高比很小，蒸汽在其流道中流动的状态和流道的参数不仅存在着轴向和径向的变化，而且还存在着切向的变化。是一种复杂的三元流动，因此叶身是典型的变截面扭叶片。

2. 叶根

　　叶根是叶片结构的重要部分，由于工作条件复杂应力高、应力集中现象突出，以及叶身振动下传至叶根等原因，叶根是叶片事故比重较大的薄弱环节。目前使用较多的有如下几种形式。

　　（1）外包Ｔ形叶根。外包Ｔ形叶根是国内大容量机组应用得较多的叶根形式之一，如图 3-46（a）所示。

这种形式的叶根用两只外包小脚卡住轮缘，因而减少了轮缘的弯应力，提高了承载能力，且可以减小振动传入的可能性。但卡紧不易装配，太松不起作用，同时外包小脚和对应的轮缘处存在轻微腐蚀的可能。

（2）外包双 T 形叶根。外包双 T 形叶根，通常都带小脚及垫片，其承载能力高于前者，但加工及装配要求略高，应力集中情况稍好，如图 3-46（b）所示。

（3）枞树形叶根。枞树形叶根承载能力最强，安装十分方便，可单独拆修，尺寸小，应力集中水平低，因此在大型机组中应用广泛。缺点是加工要求高，特别是相应的根槽需逐个加工，加工工作量大大增加。此外还存在叶根间隙的漏汽问题，见图 3-47。

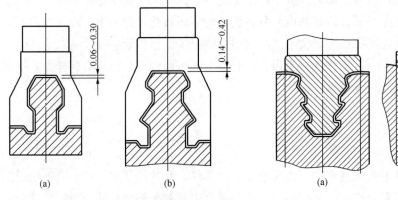

图 3-46　外包 T 形叶根　　　　图 3-47　枞树形叶根
（a）外包 T 形叶根；（b）外包双 T 形叶根　　　（a）3 齿；（b）6 齿

枞树形叶根各齿负荷分配不等，第一齿所占比重最大，因此增多齿数承载能力并不一定相应提高，而加工难度却提高很多，目前多用 3～4 齿。

（4）松装叶根。大型机组的末级叶片在运行中，承受的离心力可高达数百千牛，基于这样的原因，叶片与转子轮周上的连接是在枞树形叶根的曲面上，像螺丝一样留有间隙。运行中，松装叶根依靠叶片旋转产生的离心力固定在叶轮上的齿形根槽中，它可以保证叶根有很准确的安装角，因此这是一种很科学的安装方法。大型汽轮机的末级或末几级叶片普遍采用松装叶根。

3. 覆环

覆环在叶片顶部，既可以防止蒸汽的泄漏，又可以增加叶片的阻尼，或将叶片组合起来抵抗振动。从形状上看，大体上可以分为整体式和组合式两种。

（1）整体式覆环。这种结构是将覆环与叶身合为一体，采用这种结构的叶片又称为自带冠叶片。这种设计可使其静态应力较铆式覆环减少 67%，振动应力可减少 50%，见图 3-48。

各叶片的覆环之间即可以焊接成组，可以相互依靠，又可以用各种方式相互连接，如图 3-49 所示。

图 3-48　整体式覆环

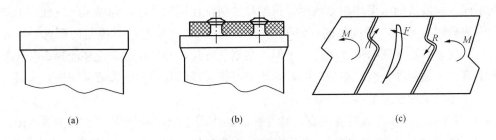

图 3-49　成组整体覆环

（a）单层覆环；（b）双层连接覆环；（c）锯齿形整体覆环

图 3-49（a）为单层覆环；（b）双层连接覆环，用双铆头固定成组，用焊接加强，是承载能力最强的一种结构，用于大型机组的调节级。图 3-49（c）为锯齿形整体覆环，安装时给叶片施加一定的扭力 F 在接触面 R 上产生预紧力，因此也称为预扭叶片。

（2）组合式覆环。将单独的覆环通过叶顶的铆头，铆接在叶片的外圆周上，也称为铆接覆环，如图 3-50 所示，其承载能力为中等水平。铆接工艺质量对其影响甚大。

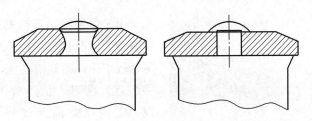

图 3-50　组合式覆环

（二）叶片的清理检查

1. 叶片的清理

（1）叶片的清理的重要性。根据流体力学知识，具有黏滞性的蒸汽流经叶栅时，将在叶片表面形成附面层，在附面层内蒸汽的流速不同，产生内摩擦力，形成损失，附面层越厚，损失越大。附面层的厚度主要与流动情况和叶片表面清洁度、光滑程度有关。

据有关资料介绍，飞机飞行时由于与空气摩擦，飞机蒙皮表面的温度随着飞行速度的提高而上升。当飞机以音速飞行时，蒙皮表面的温度可达 100℃。

汽轮机动叶片，在比大气密度高得多的蒸汽中高速旋转。叶片的光洁度，对于降低摩擦损失具有重要影响。叶片出厂时表面都经过抛光处理，具有很高的光洁度。经过一个大修周期的运行，由于被蒸汽中的异物打击及结垢等原因，叶片表面清洁及光滑程度都会明显下降。所以大修时需要对叶片进行认真地清洗。

目前有些电厂大修时用砂皮手工清理叶片，叶片的清洁及光洁程度都得不到保证。还有一些电厂转子吊出后，经观察认为叶片表面结垢不显著，不进行清理，这些做法都是不明智的。

（2）叶片清理方法。目前对叶片的清洗采用的主要方法有喷水清洗、喷沙清洗，喷丸清洗等，喷水冲洗虽然能做到不损伤叶片，但清洗后金属表面生锈不可避免，且喷水冲洗不具备提高叶片表面光洁度的能力。喷沙清洗与喷丸清洗的工艺方法相同，只是清洗使用

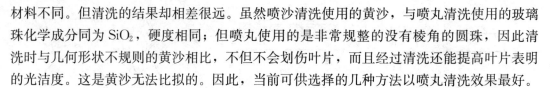

材料不同。但清洗的结果却相差很远。虽然喷沙清洗使用的黄沙，与喷丸清洗使用的玻璃珠化学成分同为 SiO_2，硬度相同；但喷丸使用的是非常规整的没有棱角的圆珠，因此清洗时与几何形状不规则的黄沙相比，不但不会划伤叶片，而且经过清洗还能提高叶片表明的光洁度。这是黄沙无法比拟的。因此，当前可供选择的几种方法以喷丸清洗效果最好。

（3）叶片清理注意事项。

1）清洗高、中压叶片时应注意，叶片在高温作用下形成的氧化层不需要清理掉。这层坚硬、致密的 CrO_2 是叶片很好的保护层，清洗时只要将叶片表面附着物清除掉即可。因此高、中压叶片清洗后应呈光滑的乌黑色。

2）目前清洗叶片的施工单位很多，清洗质量参差不齐，因此建议现场清洗时，首先清洗静叶，检验清洗效果，确认合格后，再对动叶进行清洗。高压部分叶片由于叶片较短，且叶片节距较小，级与级之间距离又很近，因此叶片汽道中间部分较难清洗干净，需要提醒施工人员注意，同时需要加强对这些部位清理效果的验收。

3）叶片覆环内侧附着氧化物或金属微粒的现象十分普遍，无论高、中低压转子均有发生，见图 3-51。

图 3-51　覆环内侧附着物

由于位置尴尬不易发现，因此在检修时被忽略的情况较多。这类氧化物在叶片内侧附着较牢固。喷丸清洗无法清除掉，必须靠手工逐片清理，虽然费工、费时但不能忽视。应在喷丸前预先将附着物彻底清除干净。

2. 叶片检查要点

（1）在良好的照明条件下，使用 $5 \sim 10$ 倍的放大镜肉眼检查叶根，对有疑问处将氧化皮去除后清理干净，用着色探伤法检查，排除疑点。

（2）对于水蚀的叶片，应固定几片叶片作为监视叶片。每次检修，都应记录监视叶片水蚀部位的长度，宽度与上次检修记录比较，观察水蚀发展情况，并拍照记录。

检修时不可将叶片水蚀区域的毛糙处磨光，因为当水滴撞击到水蚀形成的密集尖刺时被粉碎，故毛糙的密集尖刺，能起到缓冲水蚀作用。因而叶片的水蚀通常在机组刚投产时发展最快，此后逐年减慢。

（3）对所有的叶片缺口，都应仔细的修整为光滑的圆角。出汽边如有裂纹，无论裂纹大小都应做好详细的记录。小裂纹修光，对于较大的裂纹应与制造厂联系，协商处理方法。

（4）汽轮机安装时，进汽管道都是经过"吹管"清理。唯有低压缸的导汽管例外（不可能采用"吹管"的方法清理）。低压导汽管是由钢板卷制焊接而成的。焊渣、焊瘤、焊药未清理干净的现象很多（有些机组运行多年导汽管内仍可存在焊接遗留物）。因此，低压前几级叶片表面被"打毛"的现象很多电厂发现过，见图 3-52。

现场往往不做处理，打毛的凹陷部分，常规手段确实无法修复，但凸起部分应尽量修平、修光。虽然修整工作量很大，但仍然应细致、耐心的给予处理。

（5）铆接式覆环叶片的铆钉头，在铆紧时产生的冷作硬化是不可避免的，每次检修对铆钉头的边缘处是否存在裂纹需仔细检查，对于微小的裂纹应修光，并做记录。转子出厂时，铆接式覆环与叶顶是紧密贴合的，检修时需仔细检查覆环两端，即首、末铆钉处与叶顶的贴合情况。若有翘起，应用塞尺测量翘起程度，做好记录以便下次检修跟踪测量。如翘起严重应专题研究处理措施。

图 3-52　叶片表面"打毛"

（6）对于打凹的叶片，有些钳工教材提出加热矫正打凹处，这种做法是欠妥的。因为在实际操作时，对加热程度的把握是很困难的，加热时掌握不好，会引起叶片金属组织改变，使叶片的机械性能受到影响，此外在矫正时材料又一次承受外力的强力打击，有可能产生新的损伤。但应寻找打凹的原因，并检查打凹处表面是否有微裂纹。

（7）除低压末三级叶片需着色及超声波探伤检查外，现场检验实践表明，当微裂纹内充塞有致密异物的情况下，使用着色探伤检查容易漏过缺陷。超声波检查的灵敏度较高（可发现长度约 5mm，深度为 0.1mm 的裂纹类缺陷），故可查出着色探伤检漏过的缺陷。但超声波探伤存在盲区，靠近叶顶及叶根的过渡部位如有裂纹较难发现，因此这两个部位需要用着色探伤法做补充检查。若叶片的叶身存在较多被打伤的凹凸不平，为避免超声波检查散射造成"漏洞"，应采用两种检查方法各查一遍。

第六节　通汽部的测量与调整

一、通流部分洼窝中心调整概述

当前各电厂为了通过检修提高机组效率，检修调整汽封时，普遍减小了汽封径向间隙，以减小漏汽损失，很自然运行中汽封齿碰磨的几率就会增加。

我们当然希望既能通过减小汽封间隙降低漏汽损失，提高汽轮机效率，同时又要避免机组启动后汽封与转子发生严重碰磨。为了达到这个目的，除了汽封间隙的恰当选择外，还需要保证汽封间隙调整的准确性。是在半缸状态下检修的，但汽轮机是在合缸状态下运行的。大量检修实践表明，半缸状态与合缸状态下通流部分洼窝中心是有变化的。

但不少检修人员认为，即使汽缸明显存在变形，只要通过"全实缸滚胶布检查"即可做准汽封间隙。的确，在有些情况下，使用"全实缸滚胶布"的方法确实可以将汽封间隙调准，但只是在某些情况下能够调准汽封间。而通过汽缸变形量测量，掌握半缸与全缸各洼窝中心变化后，才能够确保在任何情况下，都能够按照标准要求准确地调整好各部位汽封间隙。

应认识到，即便通过"全实缸贴胶布"能够调整好汽封间隙，却不能保证持环、隔板洼窝中心都是良好的。而转子与持环、隔板同心度本身，对通流部分的效率就有不可忽略的影响。我们总是希望自喷嘴射出的蒸汽准确地流入动叶中。在叶片设计时虽然有盖度，但是当持环或隔板与转子的同心度偏差大时，蒸汽依然会射入叶根或叶顶处形成损失。在讲述通流部分内漏时，曾经提到的图 3-17 西门子套缸式的机型。众所周知西门子套缸式的机型，投运后的机组几乎每台机组的热耗都达到了设计值。这类机组取得如此优异成绩另外一个更重要的原因，在于其设计及安装工艺，都为确保通流部分的同心度下了很大功夫。绝大部分机型通流部分静止部件自身的同心度，是依靠安装工艺保证的。以西门子套缸型机组最具特点的高压缸为例，其内缸为圆筒形，静叶片直接镶嵌在内缸上，整体加工。汽缸通流部分各静止部件自身的同心度，是依靠机械加工保证的，因此其同心度准确性、可靠性，大大的高于其他类型机组，且其内缸固定方法独特。图 3-53 是环形定位键详图。定位键一端插入外缸内壁端部，另一端插入内缸端部，从图中可以看出其结构科学、巧妙、细致，确保内缸受热膨胀后，不与外缸产生径向相对位移，依然保持良好的同心度。冷态同心度良好，热态同心度同样良好。

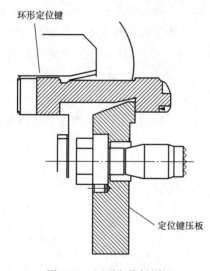

环形定位键

定位键压板

图 3-53　环形定位键详图

此外，该型机组安装时，对通流部分的径向间隙的调整方式采取了前所未有的工艺方法。由于这类机组汽封齿直接镶嵌在内缸上，同样为整体加工，与通流各部位洼窝同心度也十分良好，因此调整汽封径向间隙亦即为调整通流部分洼窝中心。汽封径向间隙调整到位意味着，洼窝中心亦调整到位。调整的具体方式是，转子定位后以汽缸前后洼窝中心为依据对汽缸初定位，然后汽缸整体平行向上缓慢移动，同时人工轻轻盘动转子，直至感觉到汽封齿"动、静"径向轻微接触为止。用同样的方法分别向下，向左、右两侧平行移动汽缸，现场称为"碰缸"。通过"碰缸"测量的数据，找出汽缸相对于转子的中心位置，据此对汽缸最终定位，以确保转子与汽缸通流部分的静止部件处于良好的同心状态。"碰缸"操作的工作量很大，又比较繁琐。为了使庞大沉重的汽缸能够平行径向移动，在其结构设计上亦做了很多相应的改进。从运行效果中可以看到，所有付出都得到了令人满意的回报，留给我们的启发也是极为深刻的。

虽然在检修中，不可能对机组进行结构性的改进，使之与西门子套缸型机组相近，但这并不妨碍向这个方向努力，找出差距在力所能及的情况下尽量向其靠拢。

能做到的，也是应做到的，是在调整汽封间隙之前，首先踏踏实实的将通流部分的同心度调整好。但大部分机组检修都没能做到，甚至没有意识到应这样做，其中很大部分机组，如前所述是仅通过所谓"全实缸滚胶布"调准汽封间隙的，在检修整个过程中根本没有测量过通流部分的洼窝中心，至检修结束也不知道洼窝中心的偏差情况。还有一部分机组检修，仅在半缸状态下调整通流部分的洼窝中心。倘若合缸后洼窝中心不发生变化，确实可以这样做，但实践证明这是不可能的。在本章第三节之4中已经较详细的叙述了汽缸变形与隔板、持环洼窝中心的关系。由于汽缸变形的存在，即便半缸状态下通流部分的洼窝中心调整得非常良好，合缸后亦将发生变化，且沿轴向各部位变化量是不均匀的。

其实，即使自然状态下汽缸中分面间隙为零，也并不意味上下缸组合拧紧汽缸螺栓后，汽缸各部分洼窝中心不会变化。直观地讲，上下缸组合后，在未拧紧中分面螺栓前，上缸是下缸的负载，而拧紧螺栓后上缸是下缸的"加强筋"，其垂弧肯定不同。在理论上可以把汽缸简化为双支点梁，如图3-54所示。

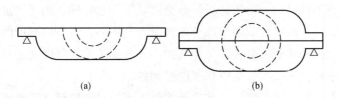

(a)　　　　　　　　　　(b)

图 3-54　半缸状态和合缸状态示意
（a）半缸状态；（b）合缸状态

在半缸状态下，断面形状为半圆环形，合缸状态下，断面形状为空心圆环，由材料力学可知，半圆环抗弯截面模量 W

$$W = \frac{\pi D^3}{64}(1-a^4)$$

式中　D——空心环外径；

a——空心环内径。

空心圆环抗弯截面模量

$$W = \frac{\pi D^3}{32}(1-a^4)$$

由此可知，在理论上亦可清楚地看出，上下汽缸合缸，紧螺栓组合为整体后因静垂弧减小，通汽部分洼窝中心会因此而改变。

实践与理论都证明仅半缸测量洼窝中心，是不可能高质量的将静止部件与转子的同心度调整好的。

还有一些电厂习惯用全缸压铅块或肥皂块的办法测量及调整通流洼窝中心，这是小机组检修时经常使用的一种传统的方法，应用于大容量机组检修有明显的缺陷。例如，扣缸后，放置在隔板上部、底部的铅块都被压扁。紧汽缸螺栓后，隔板洼窝中心上移，隔板内圆上部与转子距离变大，下部距离变小。下部距离由"大变小"，铅块被进一步压扁，铅块的厚度与实际情况相符，但上部距离由"小变大"，已经被压扁的铅块不可能再恢复，因此铅块厚度与实际情况不相符，未能反映洼窝的真实情况。因此采用全缸压铅块的方法，同样不可能高质量的调整好洼窝同心度的。

有些容量较小机组，内缸没有汽封块，全部采用镶嵌式汽封。这类机组大修现场车削

汽封齿内圆时，是在半缸状态下进行的，汽封间隙的控制以首、末级洼窝中心为依据。某台此类型机组，测量汽缸变形量时发现半缸状态下，内缸偏向一侧多达0.40mm，全缸状态下偏斜消失又恢复到中心位置。其汽封间隙标准为单面0.60mm，决定半缸状态下车齿时，一侧间隙控制在0.20mm，另一控制在1.0mm。如果不是通过对汽缸变形量测量，预先掌握这个变化量，是没有可能冒险这样做的。这样的情况下如果仅通过全实缸贴胶布调整汽封，其结果一定是将偏斜的一侧间隙调整得很大。

通过以上的事例只是想说明，不能简单地认为通流部分的调整只是汽封间隙的调整，固然，汽封间隙的调整是通流部分调整的重要内容，但汽缸通流部分"动、静"同心度调整的重要性绝对不在其之下，同样应高度重视。

是在半缸状态下检修的，但汽轮机是在全缸状态下运行的。由于汽缸的变形以及半缸与全缸刚度的差别，使两者之间通流部分各部位洼窝中心，有不同程度的变化。其目的是通过检修，使汽轮机的通流部分各部位洼窝中心及各部位汽封间隙在合缸状态下全部符合标准要求，这绝不是仅靠全实缸滚胶布就能做到的。

正确的调整方法是：首先详细、准确地测量出半缸与全缸状态下通流部分各洼窝中心的差别，确定调整方案，调正汽缸、持环、隔板的洼窝中心，在现场条件允许的情况下，最大限度上做到动、静叶同心，再调整汽封间隙。

二、通流部分洼窝中心的测量方法

由于汽缸变形量偏大的问题极为普遍，给调整工作增加了一定困难。在此要讨论的问题是，在检修中如何准确的测量汽缸半缸状态与全缸状态下，对通流部分动、静叶同心度以及汽封调整间隙的影响，从而确保通流部分的调整质量。

1. 洼窝中心的测量工具

（1）假轴测量洼窝中心。现场使用较多的洼窝中心测量工具是假轴。假轴通常是用一根直径约300mm、壁厚约30mm、长度为5～6m的无缝钢管制成。现场使用的假轴大致有两种形式，一种是假轴两端支撑部位焊接轴套，轴套外径加工至与转子轴颈相同尺寸，使用时假轴直接放置在轴瓦上；另一种为等直径假轴，使用时假轴放置在专用的可调式假轴承上。假轴承设置有偏心轮用来调整假轴中心位置，假轴承用压板压紧在轴承座上，防止走动，结构如图3-55所示。

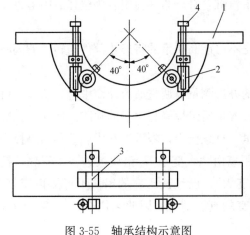

图3-55 轴承结构示意图

1—轴承架；2—蜗轮组；3—偏心轮；4—调整手轮

两种假轴各有优劣，前一种假轴，直接放置在汽轮机轴承上，自然而然与转子同心，不必进行调整，使用过程中亦不会发生走动（实际上由于转子的质量比假轴重很多，因此假轴的轴心位置一定比转子的轴心位置略高，所以首次使用时需要修正）。但只能供同类型机组使用。后一种假轴只要满足长度要求，可以供多种机型使用，缺点是每次使用均需要进行调整，使用过程中还需经常复测油挡洼窝中心，以防发生走动。

由于假轴的垂弧与转子的垂弧不等，若自制假轴，应在设计时预先计算它的垂弧，使其与转子垂弧尽量接近。假轴可视为受均布载荷的双自由支点横梁，最大垂弧可按下式计算

$$F = \frac{5 \times 10^2\, PL^3}{384EI}$$

其中

$$P = \frac{d_1^2 - d_2^2}{4}\gamma L$$

$$I = \frac{\pi}{64}(d_1^4 - d_2^4)$$

式中　E——材料弹性模数，Pa；

　　　L——假轴前后支点之间的距离，m；

　　　P——假轴质量，N；

d_1、d_2——分别为假轴的内、外直径，m；

　　　γ——材料比重，N/m³；

　　　I——假轴截面惯性矩，m⁴。

经整理后

$$F = \frac{100\, L^4 \gamma}{4.8E(d_1^2 - d_2^2)}$$

　　　F——假轴最大垂弧，m。

$$F = F_{转子}$$

$F_{转子}$——汽轮机转子的最大静垂弧，由制造厂提供。若制造厂未提供可以按下列经验公式计算

$$F_{转子} = 0.135[\delta_1 - (\pm\delta_2)]L \quad \text{mm}$$

δ_1、δ_2——分别为转子两端轴颈扬度，mm/m；

　　　L——转子两端轴颈中心距离，m。

确定假轴最大静垂弧后，只要选定假轴内径，就可以计算出假轴外径。

对于外购的假轴也可以用上述经验公式计算垂弧，亦可以用测重的方法求出最大静垂弧，测量方法如图 3-56 所示。

将假轴放在轴承上，假轴中间垂直方向架好百分表。用行车吊住弹簧秤，在假轴中间向上通过弹簧秤提拉假轴，当弹簧秤的读数等于假轴质量一半时，停止提拉。此时，百分表的变化值即为假轴最大静垂弧。

即使假轴与转子静弯曲的最大垂弧相等，但由于转子的自重并非像假轴那样分布，因此它们的弯曲形状是不同的，轴向各位置的垂弧也不相等，仍然存在一定的误差。为消除误差，可以采

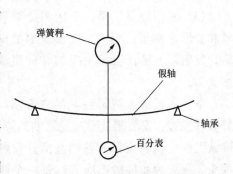

图 3-56　轴垂弧测量方法示意图

用逐级修正的办法进行调整。由于现场实际使用中误差并不太大，可以不予修正，当然，需要根据实际情况酌情处理。

假轴保管时一定要注意垂直悬挂放置，防止弯曲，并做好防锈、防腐工作，保持假轴表面光洁。

（2）拉钢丝找洼窝中心。如使用钢丝绳作为测量工具，与假轴相同，也要考虑其自身垂弧造成的影响。钢丝绳各点的垂弧可以采用如下公式近似计算

$$f_x = \frac{qg(L-X)X}{2G}$$

式中　f_x——钢丝绳距离端点 X 处的垂弧，mm；

　　　q——钢丝绳单位长度质量，g/m；

　　　L——钢丝绳跨距，m；

　　　G——钢丝绳拉紧力，N；

　　　g——重力加速度，m/s^2；

　　　X——钢丝绳的垂弧。

钢丝绳的最大垂弧在其中间点，即 $X = \frac{L}{2}$ 处，故

$$f_{max} = \frac{qg L^2}{8G}$$

考虑钢丝绳垂弧的影响后，持环等部件底部洼窝调整目标值可按下列公式计算

$$C = r - f_x + h$$

式中　r——测点的理论中心半径，mm；

　　　f_x——钢丝垂弧，mm；

　　　h——转子垂弧，mm。

在实际使用中假轴可靠性明显高于钢丝绳，使用钢丝绳测量的准确性，与作业人员的技能有很大关系。虽然假轴价格较高，但为了确保测量效果，在条件许可的情况下，应尽量使用假轴。

（3）专用测量工具。专用测量工具由假轴和变形量测量仪组成。变形量测量仪由探头、发射器、接收器和相应的软件组成，见图 3-57。

下半隔板放入汽缸后，吊进假轴，调整好假轴位置。安装测量架，复测油挡洼窝值，确认无误后在通流部分各挡洼窝处安装测量探头。探头为非接触感应式，每一个洼窝处有三个探头，分别指向洼窝底部和两侧，首

图 3-57　洼窝中心专用测量工具

先采集半缸状态下，下汽缸各洼窝中心的数据。然后依次扣上隔板套（持环），上内缸，上外缸采集全缸各洼窝的数据。各测量点采集的数据由计算机接收并保存，自动计算出半缸与全缸，各部位洼窝中心的变化量。由于无需工作人员进入缸内测量，因此可以将全部组件全部装入缸内，既提高了工作效率又提高了测量准确性。但目前此装置的不足之处是，由于探头是固定在假轴上的，假轴不能旋转，因此只能测量汽缸的相对变形量，还需要依靠人工另行测量隔板（持环）的椭圆度及与转子的同心度，增加了重复性工作，既降低了效率，又影响可靠性。

2. 汽缸变形量测量的工序

（1）半缸测量。汽缸清理工作结束后，下汽缸的部件全部就位，测量汽缸中分面水平。待轴系中心调整结束后吊入假轴，利用油挡洼窝作为监视尺寸，将假轴调整到转子位置，即假轴与轴承座的相对位置，与转子、轴承座的相对位置相同。首先使用内径分厘卡，测量半缸状态下通流部分各挡洼窝中心（测量 3 点，即左、右和底部）。测量前应在每个洼窝的测量点上做好标记，以便每一次测量都在同一个位置上，提高测量的准确性。

（2）. 全缸测量。扣上半持环、隔板、内缸，考虑到现场的实际情况，由于通汽部分位置狭小，上半持环、隔板、内缸全部扣上后，工作人员无法进入缸内工作，因此不能将上半部件全部吊入。但为了提高测量的准确性，在满足测量条件的前提下，应尽量多吊入一些部件。

半缸状态下，汽缸的刚度比全缸低，低压缸由于刚度较差反映更突出。在上半持环或隔板、内层缸吊入后，在这些部件质量作用下，汽缸有可能变形（有些进口机组，分别提供了半缸与全缸两组汽封间隙数据）。如果是首次检修，建议在上缸部件吊入后，未紧螺栓的状态下再测量一次各部位洼窝中心（仍旧测量下三点）。这个变形量，应是一个衡量，复测洼窝中心可以掌握不同部位的下沉量，以后的检修一直可以借鉴。然后参考平面间隙分布情况，拧紧持环或隔板套、内缸 1/3 螺栓，螺栓拧紧后法兰平面最大间隙应小于 0.05mm。如间隙大于 0.05mm 应拧紧全部螺栓；拧紧全部螺栓后间隙仍无法消除，热紧螺栓，直至法兰平面最大间隙小于 0.05mm（个别边缘处间隙无法消除例外）。

很多电厂，在测量汽缸变形量时不注意检查汽缸平面间隙。汽缸、持环法兰平面张口，对洼窝中心影响都是十分明显的。测量时一定要注意法兰间隙是否消除，这在技术上并无难度。但现场检修时没有按照这个要求操作的情况非常多，必将影响测量准确性。

拧紧法兰螺栓确认张口消除后，复测各部洼窝中心。若螺栓曾热紧，必须待螺栓全部冷却后再测量洼窝中心。这个状态下应测量上、下、左、右四点。测量结束后，扣上外层缸。仍首先测量紧法兰螺栓前，在外上缸的质量作用下持环或隔板、内缸洼窝中心有多少变化。待紧好外缸螺栓，确认汽缸法兰平面间隙小于 0.05mm，再次测量各洼窝中心，仍测上、下、左、右四点。这时洼窝中心还将变化，此时的变化是由于拧紧外缸螺栓后，外缸刚度增强，垂弧减小及汽缸的法兰张口消失引起的。这次测量的结果才是汽缸、各级持环、隔板全缸状态下真实洼窝中心。这组数据十分重要，一定要有人复测。确保测量数据

准确无误。对于低压缸，尤其需要注意充分拧紧缸内侧横断面上的螺栓，这部分螺栓是通过工艺孔拧紧的；该部位工位窄小，一般工具无法将这部分螺栓充分拧紧，应使用液压扭矩扳头按照制造提供的扭矩拧紧。否则该处平面将残留较大间隙。

确认测量的数据准确无误后，开缸。开缸时，依照顺序，复测各洼窝中心，与盖缸过程中测量的数据比对，应无明显的偏差。恢复到到半缸状态时，所有测量数据应基本还原到原始状态，否则应查明原因。

对测量结果进行比较，计算出汽缸螺栓拧紧后各汽封洼窝中心的变化量。在半缸状态下，根据实际偏差和变化量，对持环、隔板洼窝中心进行调整，使其在合缸后处于与转子同心的位置上。对于因为影响测量未吊入汽缸的持环、隔板还需分别单独测量拧紧其中分面螺栓后的椭圆度，在调整洼窝中心时，纳入这部分影响。

对于一些容量较小的机组，假轴放置后由于空间狭小，测量人员无法进入缸内。在不能借助其他测量工具时，先紧好汽缸螺栓，将假轴承移开，假轴搁放持环（隔板）内圆上。测量人员由假轴上部与轴封孔之间空当钻入汽缸，再重新调整假轴进行测量。

3. 测量数据的整理

测量工作结束后，列表计算半缸与全缸状态下各洼窝中心的变化量。表3-3～表3-8是某电厂低压缸变形量测量及调整量计算记录。

表 3-3　　　　　　　　　　　　未紧内缸螺栓洼窝中心记录　　　　　　　　　　　　mm

测点	A	C	B	洼窝中心偏差
内Ⅱ号缸调端	8.73	13.58	9.75	0.51→↓4.34
内Ⅰ号缸调端	6.59	6.35	7.68	0.545→↑0.785
调端持环	10.87	12.24	12.48	0.805→↓0.565
电端持环	3.3	4.92	4.79	0.745→↓0.875
内Ⅰ号缸电端	1.2	1.2	3.85	1.325→↑1.325
内Ⅱ号缸电端	7.98	13.9	10.04	1.03→↓4.89

表 3-4　　　　　　　　　　　　紧Ⅰ内缸后螺栓洼窝中心记录　　　　　　　　　　　　mm

测点	A	C	B	洼窝中心偏差
内Ⅱ号缸调端	—	—	—	—
内Ⅰ号缸调端	6.44	7.55	6.93	0.245→↓0.865
调端持环	11.13	13.21	12.12	0.495→↓1.585
电端持环	3.6	5.97	4.46	0.43→↓1.94
内Ⅰ号缸电端	0.8	2.81	2.67	0.935→↓1.075
内Ⅱ号缸电端	—	—	—	—

表 3-5　　　　　　　　　　　　紧内Ⅱ号缸螺栓后洼窝中心记录　　　　　　　　　　　　mm

测点	A	C	B	洼窝中心偏差
Ⅱ号缸调端	8.67	12.85	9.79	0.56→↓3.62
内Ⅰ号缸调端	6.14	7.23	7.25	0.555→↓0.535

续表

测点	A	C	B	洼窝中心偏差
调端持环	10.86	12.89	12.4	0.77→↓1.26
电端持环	3.3	5.65	4.75	0.725→↓1.625
内Ⅰ号缸电端	0.53	2.49	2.98	1.225→↓0.735
内Ⅱ号缸电端	8.07	13.35	10.11	1.02→↓4.26

注　1. A—洼窝中心 A 排测量值；B—洼窝中心 B 排测量值；C—洼窝中心底部测量值。

$\left(\dfrac{A-B}{2}\right)$ 为洼窝中心左右方向偏差值，即水平方向偏差值。$\left(\dfrac{A-B}{2}-c\right)$ 为洼窝中心上下方向偏差值，即垂直方向偏差值。

2. 以上各表以汽轮机转子为静止参照物，"↑"表示洼窝偏上，"↓"表示洼窝偏下，"←"表示偏 A 排移，"→"偏 B 排移。

表 3-6　　　　　　　　　　　内缸洼窝变化量记录　　　　　　　　　　　mm

测点	紧Ⅰ号缸洼窝中心变化	紧Ⅱ号缸洼窝中心变化	Ⅱ号缸对Ⅰ号缸影响
内Ⅱ号缸调端	—	0.05→↑0.72	
内Ⅰ号缸调端	0.3←↓1.65	0.01→↓1.32	0.31→↑0.33
调端持环	0.31←↓1.02	0.035←↓0.695	0.275→↑0.325
电端持环	0.315←↓1.065	0.02→↓0.75	0.295→↑0.415
内Ⅰ号缸电端	0.39←↓2.4	0.10→↓2.06	0.29→↑0.34
内Ⅱ号缸电端	—	0.01←↑0.63	

注　表中"↑"表示洼窝向上移动，"↓"表示向下移动，"←"表示向 A 排移动，"→"向 B 排移动。

从记录中可以看出，在未紧汽缸螺栓前，各汽封洼窝中心垂直方向既有偏上又有偏下，水平方向均偏 B 排，且偏差较大。合缸紧汽缸螺栓后，汽封洼窝中心水平方向仍旧偏 B，偏差量基本未变，垂直方向变化明显，紧内Ⅰ号缸法兰螺栓后洼窝中心向下移动，紧内Ⅱ号缸法兰螺栓后各洼窝中心向上回升。汽封洼窝中心水平方向偏移，应与基础沉降有关。该机组锅炉在 B 排侧，因锅炉质量很大造成汽轮机基础向 B 排倾斜，因而持环、汽封洼窝中心全部偏向 B 排，与汽缸扬度变化情况相符。这是一个有共性的，较普遍的现象，必要时可结合汽缸洼窝调整纠正内缸扬度。

表 3-1～表 3-3 所示的洼窝中心，因为现场的实际情况，上半没装，只能测量下三点，因此还需测量椭圆度后才能确定调整量。

表 3-7　　　　　　　　　　　椭圆度测量记录　　　　　　　　　　　mm

测点部位	状态	水平方向内径	垂直方向内径	偏差
内Ⅱ号缸调端	空缸	809.94	811.98	2.04
	紧全部螺栓	809.55	810.35	0.80
内Ⅰ号缸调端	空缸	6.57	3.24	3.33
	紧全部螺栓	4.45	3.90	0.55

续表

测点部位	状态	水平方向内径	垂直方向内径	偏差
调端持环	空缸	6.35	4.36	1.99
	紧全部螺栓	4.04	3.66	0.38
电端持环	空缸	6.14	4.23	1.91
	紧全部螺栓	4.01	3.65	0.36
内Ⅰ号缸电端	空缸	6.14	3.22	2.92
	紧全部螺栓	4.42	3.93	0.49
内Ⅱ号缸电端	空缸	809.77	812.08	2.31
	紧全部螺栓	809.47	810.68	1.21

从以上记录可以看出，无论内缸还是持环都有较大的椭圆度，是不可忽略的。椭圆度的变化数据不但指导更准确的调整洼窝中心，同时也提供了内缸、持环变形对汽封间隙的影响量。

4. 洼窝中心的调整

调整实例：

在确认汽缸变形量测量数据准确无误后，开始调整通汽部分洼窝中心。洼窝中心的调整工作应尽力精益求精，动静部分同心度偏差大，不但会影响级效率还会影响到汽封间隙调整的准确性。

从列表的测量结果可以看出汽缸在水平方向是扭转的，如想放正，需要调整内Ⅱ号缸两侧横销。垂直方向是倾斜的，如想放正，需要按比例调整内Ⅱ号缸前后挂耳。在这里举的例子是采用取平均值进行调整的。

各缸水平方向的调整量。

内Ⅱ号缸调整量：

$(0.56+1.02)\div2=0.79$(mm)，向A排。

内Ⅰ号缸调整量：

$(0.555+1.225)-0.79=0.10$(mm)，向A排。

调端持环调整量：

$0.77-0.79=-0.02$(mm)，向B排。

电端持环调整量：

$0.725-0.79=-0.065$(mm)，向B排。

综合上述计算结果可确定内Ⅱ号缸向A排0.80mm，其余不动。在这种情况下现场通常会只调Ⅰ号缸，不调Ⅱ号缸即Ⅰ号缸向A排0.9mm，其余不动，如此可以减小工作量，如果条件允许Ⅱ号缸也应调整，至少在恢复性大修时彻底调整。

各缸垂直方向的调整量。

内Ⅱ号缸调整量：

$(3.62+4.26)\div2=3.94$(mm)，向上。

修正椭圆度影响：

$3.94-(0.8/2+1.2/2)\div2=3.44(\text{mm})$

内Ⅰ号缸调整量：

$(0.535+0.735)\div2-3.44=-2.805(\text{mm})$，向下。

修正椭圆度影响：

$-2.805+(0.55/2+0.49/2)\div2=-2.545(\text{mm})$

调端持环调整量：

$1.26-3.44=-2.18(\text{mm})$，向下。

修正椭圆度影响：

$-2.18+0.38/2=1.99(\text{mm})$

电端持环调整量：

$1.625-3.44=-1.815(\text{mm})$，向下。

修正椭圆度影响：

$-1.815+0.36/2=-1.635(\text{mm})$

调整后的半缸洼窝中心计算结果，见表3-8。

表3-8　　　　　　　　　　调整后的半缸洼窝中心计算结果　　　　　　　　　　mm

测点部分	A	C	B
内Ⅱ号缸调端	9.53	10.14	8.95
内Ⅰ号缸调端	7.39	5.455	6.88
调端持环	11.67	10.79	11.68
电端持环	4.1	3.115	3.99
内Ⅰ号缸电端	2.00	0.305	3.15
内Ⅱ号缸电端	8.788	10.46	9.24

从表3-8中可以看出半缸状态下洼窝中心偏差很大，但合缸后洼窝中心将基本上是好的。从而再一次证明，不测量汽缸变形量将造成多大误差。

5. 洼窝中心调整注意事项

(1) 对内缸、持环或隔板洼窝中心的调整，原则上应用挂耳（搁脚）调整垂直方向洼窝中心，用顶销及底销调整水平方向洼窝中心。若采用单面调整挂耳的方法修正洼窝中心，应注意只有在调整后其中分面水平，向好转方向变化，才可以这样调整（即各组件水平更趋于一直），且调整量不易过大，以免出现底销整劲现象。顶销的调整难度较大，注意防止其单面顶煞造成一侧挂耳"悬空"。

(2) 为了避免因为调整量不准确，反复使用假轴复测，浪费大量时间，无论是内缸还是持环在调整洼窝中心前，都应分别用深度尺测量内缸与外缸、持环或隔板与内缸法兰平面的相对高度。调整后复测，检验其相对高度的变化，是否与调整量吻合，然后再用假轴复测洼窝中心，以避免因为调错返工。如果平面相对高度由于结构原因不便测量，也可以通过分别测量调整前后，挂耳高度的变化，验证调整量是否正确。

(3) 调整低压内缸洼窝中心时，应注意结合汽缸扬度进行调整。由于低压外缸变形以及基础不均匀沉降的影响，内缸四角扬度往往不一致。低压内Ⅱ缸多呈内张口，内缸的扬度是其自身变形、低压外缸变形、基础不均匀沉降影响的叠加。内缸左右两侧扬度不一致，是无法避免的。但内缸同一边左右旋两侧扬度不应偏差显著，即汽缸不应扭曲。如内缸左右旋两侧的洼窝中心偏差方向相反，又与扬度偏差方向一致，这种情况下调整洼窝中心时应结合扬度一并考虑。通过对内缸四只搁脚垫片的不对称调整，既能减小内缸同一侧的扬度偏差，又能够使得洼窝中心好转；不但有利于提高调整质量，还可以使内缸的搁脚负荷分配更均匀。

低压内缸依靠四只搁脚支撑外缸上，与高、中压缸的猫爪类似；但低压内缸无论安装、检修通常都没有负荷分配的概念。实际上由于低压缸的刚度远低于高压缸，因此膨胀时对四只搁脚的负载情况更加敏感。正常情况下，低压内缸受热膨胀时，沿中心线向两侧对称膨胀。当搁脚负荷偏差很大时，负载轻的搁脚因阻尼小容易涨出，而负载重的搁脚因阻尼大不容易涨出，有可能造成不对称膨胀，这也是引起低压缸汽封单面磨损的主要因素之一。将低压缸扬度、洼窝中心、搁脚负荷分配联系在一起确定调整方案是有必要的，也是可行的，应协调进行。

低压缸搁脚负荷分配的测量及调整方法与高压缸猫爪相同，可采用垂弧法。测量搁脚自然下垂的高度，比较左右对称位置搁脚的垂弧，通过调整各搁脚下部垫片的厚度，使各对称点搁脚垂弧差减小。负荷分配建议全实缸下进行，全实缸汽缸的刚度较好，有利于减少测量误差，且全实缸接近运行状态，这样做出的负荷分配更能准确地反映真实情况。调整时须注意，预先检查内缸两侧横销，确认不卡涩，以防由于销子憋劲影响负荷分配质量。

如持环内各压力级或内缸中各压力级偏斜的方向无明显规律，应向整体移动后各压力级洼窝中心偏差都减小的方向调整。

（4）调整隔板洼窝中心时，由于调整隔板套或隔板都可以满足标准要求，现场往往倾向于选择工作量较小的方案进行调整，以更高的标准要求，隔板套与隔板的洼窝中心都应在汽轮机的轴向中心线上，以减少叠加的偏差。至少经过几次检修后累计偏差较大时，应予纠正，将隔板套与隔板的洼窝中心都调整至标准范围内。

（5）高、中压合缸的机组，高压缸的喷嘴室位于汽缸中部。测量汽缸变形量时，妨碍对高、中压缸通汽部分的测量，因此大多选择不装入喷嘴室。但速度级动叶盖度很小，因此对喷嘴与转子同心度的要求更高，且速度级焓降大，对热效率影响突出，应设法在检测汽封间隙时补做检查。变形量的影响可参考相邻的压力级，尽量减小喷嘴与动叶的不同心度。大部分机组，速度级阻汽片是镶嵌式齿片，若间隙超标拔掉重镶工作量较大，但速度级对效率影响突出，因此若间隙超限明显时，应考虑拔齿处理。

三、汽封间隙的调整

汽缸、持环或隔板洼窝中心调整完成后，经验收确认合格后方可开始调整汽封间隙。

1. 汽封径向间隙的调整

根据测出的合缸洼窝中心的变形量，即得到了汽封间隙修正量。参考修前测量的汽封间隙，根据制造厂提供的汽封间隙标准，计算出调整量，并进行半缸初调，全实缸检查、验收。

贴胶布与压铅丝调整法。贴胶布与压铅丝，都是现场常用的测量及检验汽封间隙的工艺方法，两种方法各有"长短"。

（1）压铅丝检验工艺要求。根据不同的汽封间隙选择不同规格的铅丝，铅丝压缩量控制在 30%～50%。为防止压铅丝时汽封块退让，需要在每块汽封背部加支撑块。支撑块可以使用较硬的木块或竹筷制作，支撑块放置不可过紧，一般有 0.05～0.10mm 紧力即可。每块汽封块在靠近端部处分别放置一块支撑块，依据汽封块的弧长放置 2～3 道铅丝，两端的铅丝放置在距汽封块端面为 15～20mm。铅丝应尽量贴紧汽封齿，铅丝两端用胶布固定。转子吊入时应注意平落、平起。同样，上隔板吊入时也应注意平落、平起。压铅丝时应注意半缸检测时，不要同时将所有上隔板一起吊入，以免因为汽缸变形影响检验效果。上隔板吊入后，一定要注意检查隔板平面间隙，确认上隔板没有搁空现象。测量铅丝压扁后的剩余厚度，即为汽封径向间隙。

（2）压胶布检验工艺。选用黏性较好的医用胶布（大部分医用胶布厚度约为 0.25mm），先在每块汽封（轴封）块两端各贴一道胶布，离汽轴封块端部约 20mm，所贴层数根据间隙标准确定。多层胶布叠贴时应呈阶梯形，自高向低的顺序应与转子旋转方向相同。盘动转子时应缓慢，一般盘一周即可，根据胶布接触情况判断汽封径向间隙。过多盘动转子容易造成胶布接触假象，影响对间隙判断的准确性。

在检修中，常常发生胶布梯形方向与转子盘动方向贴反，导致盘转子时将胶布卷起的现象，重新检查一次将浪费很多时间。因此，贴胶布前为避免出错，建议在各级隔板或持环上标明转子旋转方向，做标记时注意上半、下半以及对称分流级各自的方向。对于有多道汽封块的区段，如高、中压平衡活塞等处，不能使用长胶布一次性连起来粘贴，避免因一块汽封块间隙小，将整条胶布卷起。

（3）压胶布和压铅丝检验比较。压胶布和压铅丝两种检查汽封间隙方法，各有优劣。压铅丝检查方法能够比压胶布更准确的检验汽封间隙，但合缸紧螺栓后汽封间隙变大的情况下，采用压铅丝测出来的结果必有假象。

例如，扣缸后上、下部汽封的铅丝都被压扁。紧汽缸螺栓后，汽封上部间隙变小，下部间隙变大。上部汽封间隙由"大变小"，铅丝被进一步压扁，因此铅丝的厚度与汽封间隙相符，反映了真实的间隙。但下部汽封间隙由"小变大"，已经被压扁的铅丝不可能再恢复变厚，因此铅丝的厚度与汽封间隙不相符，未能反映真实的汽封间隙。用压胶布的方法检查，在这种情况下则可以根据盘动转子后，根据胶布压印痕迹形态加以区别，判别真实测量结果。至于检修时采用哪一种方法更恰当，应结合检修习惯和现场的实际情况决定。冲动式汽轮机，比较适宜用压铅丝的办法检查。目前现场使用较多的是压胶布检查的方法。

（4）挂耳加临时垫片调整法。冲动式汽轮机通汽部分通常采用隔板形式，在汽缸变形量测量中已经讲到，由于隔板洼窝中心受到支撑它的汽缸或隔板套变形影响，半缸状态与全缸状态的洼窝中心是不同的。汽封的调整工作是在半缸的状态下进行的，因此调整时需

要对汽封间隙进行修正，例如，已知合缸后隔板洼窝中心垂直方向将变化 f。调整顶部与底部汽封块间隙时，修正量等于 f，水平方向修正量为零，较容易掌握；30°、45°、75°方向分别修正多少就较难准确控制。不但影响调整效果，又增加了很多麻烦，因此，可采用在隔板挂耳下面加临时垫片的工艺方法处理。

临时垫片厚度等于其半缸与全缸洼窝中心的变化量。如变形量测量显示紧螺栓后洼窝中心向下移动，在隔板挂耳下面加临时垫片，反之放在挂耳下面减临时垫片。然后在半缸状态下利用假轴将隔板调整至与转子同心的位置上，这样就可以在半缸状态下不修正，直接按照标准要求调整汽封间隙。待调整结束，全实缸复查汽封间隙或检查最小间隙前，抽出挂耳临时垫片，此时洼窝中心将偏离与转子同心的位置，由于挂耳临时垫片厚度等于洼窝中心变化量，所以合缸紧螺栓后，洼窝中心又将回到与转子同心的位置上。如此，既可提高调整精度又可以减小工作量。以中分面支撑隔板为例，如图 3-58 所示。

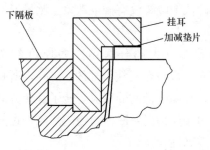

图 3-58　耳加临时垫片示意图

如果反动式汽轮机持环自身变形量较小，或持环内各压力级同心度偏差很小的情况下，也可以酌情采用这种方法调整。

很多机组，要求汽封底部间隙大于汽封两侧间隙，现场调整时普遍将汽封间隙调整为椭圆形，即将下部间隙作为椭圆长轴调整，两侧间隙作为椭圆短轴调整。采用这种调整方式很容易造成下半汽封 45°位置处间隙偏小，运行中碰磨。正确的方法是将汽封间隙调整为长圆形。此时采用放置挂耳临时垫片的方法是非常适宜的。例如制造厂的标准要求是汽封底部间隙比两侧大 0.5mm，在调整间隙之前，先在挂耳与隔板套（隔板）之间加 0.5mm 临时垫片；待下半汽封调好后，抽出临时垫片，如此，两侧间隙不会改变，底部间隙增大了 0.5mm，既方便又准确地满足了标准要求。

2. 汽封径向间隙的合理确定

多年前汽封间隙的合理确定，是一个多余的问题，理所当然的按照制造厂的规定调整。随着节能降耗要求不断提高，几乎所有电厂都将减小汽封间隙作为节能降耗的重要手段。通常的做法是，将汽封间隙调整到低于制造厂规定的下线。机组启动后，通过反复的碰磨，磨出间隙。各个电厂之间互相比照，间隙越做越小，启动后的碰磨亦日趋严重。

实际情况是，不管间隙调整到多小，机组投运后最终将磨到一个"恰当的间隙"，否则是无法正常运行的。可以直观的理解为通过碰磨对汽封间隙进行了"二次调整"。实践表明，如果严格按照标准调整汽封间隙，机组修后投运基本上是不会发生明显碰磨。只要间隙突破标准的下限，机组投运后通常都会发生不同程度的碰磨。这些现象似乎表明，那个"恰当的间隙"与标准是很近的。

但大量实践表明，缩小间隙与按照标准调整间隙相比，确实可以收到较为明显的效果。如何解释这两个相互矛盾的结果呢？从现场观察到的碰磨情况，以及大修检查的结果表明，即便所有汽封间隙同幅度减小，并非各级汽封都发生碰磨，也并非每一级汽封所有部位都发生碰磨，即所发生的碰磨通常为局部碰磨。这表明，适当缩小间隙并非不可行，但并不是所有部位的汽封间隙及每级汽封所有方向的间隙都可以减小。检修时将间隙缩小通过启动后的碰磨，将"不可以缩小的间隙"磨大了，将"可以缩小的间隙"保留了下来，通过碰磨，磨出了一个较合理的间隙，因此减小了漏汽损失。

但通过这种方式取得的结果是欠妥的，首先碰磨势必造成振动异常，其次，转子表面难免磨出无法修复的伤痕。应认识到，缩小间隙并非完全不可行。但所有间隙一同缩小的确是一种盲目的方法，不可避免地造成可以缩小的间隙缩小了，不该缩小的间隙也缩小了。

是否有方法预知"恰当的间隙"呢，做到只缩小可以适当缩小的间隙，既减小漏汽量又避免或减少碰磨。

修后机组未启动前的冷状态下，如果调整得当，各方向间隙是均匀的（各方向的间隙标准不同，另当别论）。投入运行后热状态下，按照设计理念洼窝中心线保持不变。实际上受汽缸热变形、凝汽器真空、上下缸温差诸多因素影响，洼窝中心不可能不产生或多或少的偏移。此外，汽轮机通汽部分间隙调整，是在转子静止状态下进行的。运行中，轴颈在轴承中的位置也将发生变化。所有这些变化必然影响到间隙在各个方向上的重新"分配"。一定程度上将通过汽封间隙的磨损反映出来。汽轮机大修解体后测量的修前汽封间隙，包含了"间隙分配"的信息。虽然每台机组在检修时都会测量修前汽封间隙，由于受汽缸变形的影响，开缸后在半缸状态下所测间隙已经偏离了实际情况，故直接通过修前汽封间隙考量汽封磨损情况并不可靠。

运行中，无论汽封碰磨多严重，改变的仅有汽封块的齿高，其他部分不会因碰磨而改变。因此，大修解体后测量汽封齿高，与原始齿高比较，是考量间隙分布情况的有效手段。每道汽封应测量上、下、左、右四点。测量方式：可以用深度尺测量梳齿高度，如图 3-58（a）所示，也可以使用游标卡尺测量汽封块厚度，如图 3-59（b）所示。测量位置应作统一规定，确保上次检修与本次检修在同一位置上测量，以减少误差（齿高的降低值与上次检修后汽封间隙之和即为本次检修前汽封间隙）。

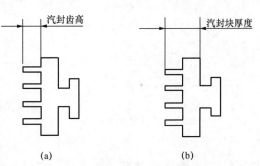

图 3-59　测量汽封齿高示意图
（a）用深度尺测量梳齿高度；（b）用游标卡尺
测量汽封块厚度

汽封齿磨损量与磨损的部位，应结合通流部分洼窝中心偏心的情况综合判断。例如，某级汽封顶部单面磨损，而该级修前洼窝中心恰好偏下，且汽封齿磨损量与洼窝中心偏差量接近，可以认为汽封齿磨损完全是由于洼窝中心偏移造成的。若洼窝中心无偏差，汽封齿单面磨损，可以认为磨损是由于运行中汽缸与转子相对位置改变，即汽封间隙"分配"变化造成的。以上所指是两种极端情况，现场实际情况可能两种影响同时存在。造成汽封磨损影响因素是比较复杂的，如启停次数、振动情况、汽缸膨胀情况等，但通过上述分析反映的总体趋势，一定可以提供很多信息，帮助确定合理的汽封间隙。

现场检修，通流部分各洼窝中心的原始记录是在轴系中心调整后测量的，因此，需要根据调整轴系中心时的调整量，推算出修前的各道洼窝中心才能进行全面的分析。

如果轴封出现偏磨，还应考虑油膜厚度的影响。习惯思维上对轴承油膜厚度认识上有个误区，认为油膜厚度只有几丝，有些书上也是这样介绍的，但实际上要厚得多。如果机组未配置振动在线监测系统，可以通过轴振测量装置输出间隙电压的变化，计算出油膜厚度。

振动传感器头部有感应线圈，传感器输出电压的直流分量正比于感应线圈与转子之间的静态间隙，交流分量正比于它们之间的位移。因此它不但可以做动态测量，也可以做静态测量，其输出的直流电压即反映出转子在轴承中的位置。

检修时，振动探头与转子间隙调好后记录下间隙电压，与运行中进行间隙电压比较，可很方便地计算出轴心位置及最小油膜厚度。就汽封间隙而言，并不需要知道最小油膜厚度，仅需知道轴心被抬高了多少，向两侧移了多少，即轴心位置的变化。作为不精确的解释，也可以理解为轴承垂直方向及水平方向的油膜厚度。计算方法如下：

以轴承下部 45° 方向各装一根振动传感器的轴承为例，见图 3-60。

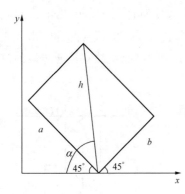

图 3-60　轴心位置计算示意图

图 3-60 中　　$h = \sqrt{a^2 + b^2}$

其中　　　　$a = (x_1 - x_2)/7.8$

　　　　　　$b = (y_1 - y_2)/7.8$

式中　h——当前该瓦的轴心合成移动量；

　　　x_1——当前 x 方向间隙电压；

　　　x_2——x 方向检修整定间隙电压；

　　　y_1——当前 y 方向间隙电压；

　　　y_2——y 方向检修整定间隙。

振动传感器是安装在 45° 位置上的，因此

$$\alpha = 45° + \arcsin\frac{b}{h}$$

式中　α——轴心合成移动量 h 与 x 反向夹角。

$$h_x = \sin\alpha(h)$$

式中　h_x——轴心在轴承垂直方向的移动量。

$$h_y = \cos\alpha(h)$$

式中　h_y——轴心在轴承水平方向的移动量。

由于轴封间隙相对偏小，距离轴承又非常近，因此受到的影响较显著，一般机组轴封径向间隙约为 0.45mm 左右。如油膜垂直方向厚度为 0.2mm，轴封顶部间隙将减小到 0.25mm，底部间隙将增大到 0.65mm。调整轴封间隙时，若顶部间隙与底部间隙相同，顶部汽封碰磨的可能性就会大大增加。

对于低压缸问题将更加突出。凝汽器抽真空后，在大气压力的作用下，低压缸将会下沉。转子与汽缸不可能无差异的等量下沉，势必影响汽封径向间隙，趋势是汽封顶部间隙变小。油膜的厚度使转子上抬，汽封间隙受到双重影响，因此大修时会发现通常低压缸顶

部汽封碰磨最严重。诚然，制造厂给定的间隙调整标准中，对这些因素已经给予了考虑，但修正量是否恰当，最终还是需要通过汽封碰磨状态考证。

从某种意义上讲，通流部分冷态间隙是否恰当并不重要，重要的是热态间隙是否恰当！制造厂提供的间隙标准是调整的基础依据，但每台机组均会有不同程度的差别。如果通过对齿高的测量，掌握了不同位置的磨损量，通过综合分析，做到对各部位汽封间隙有依据的修正，只减小该减小的部位；逐步摸索规律，通过适当的、合理的调整，就一定能得到符合本台机组特性的汽封间隙调整数据，做到既减小漏汽损失，又不发生或只发生较轻的碰磨。

有些进口机组，相邻的两级汽封间隙标准相差明显，据其专业人员介绍，并非出于计算，没有理论依据，完全是通过实践摸索修正的。磨损量就是我们的"老师"，尊重事实是做好调整工作的基础。

3. 汽封块周向间隙调整

调整汽封块的周向间隙，看似一项很简单的工作，实际上，准确控制恰当的周向间隙是比较困难的。理论上汽封块周向间隙应等于汽封周向总膨胀量（忽略隔板的影响）。如周向间隙小于总膨胀量，汽封块相互"顶死拱起"造成汽封径向间隙增大，漏汽量增加。间隙大于总膨胀量，汽封块之间不能密合造成汽封块端部之间的缝道漏汽。将间隙调整得恰如其分，使汽封块既不"顶死拱起"，又不使汽封块端部之间存有缝道漏汽，实际上是做不到的，两者必居其一。通常制造厂提供的间隙标准是留有裕量的，汽封块端部之间存有缝道漏汽是难免的。很多人认为此处的漏汽量微不足道，实际上由于汽封块的厚度较厚，会形成较大的漏汽面积。这些漏汽处与汽封齿不同，是无阻碍的直通道，因此漏汽量亦较大。现场调整周向间隙时，通常倾向于宁大勿小的做法应纠正。对于弯扭叶片隔板，喷嘴呈倾斜状"凸起"，且喷嘴上、下半之间有较大的膨胀间隙，汽封块突出隔板中分面，调整汽封周向间隙时应注意避免受膨胀缝影响。

如大修更换新汽封，可以参考第三章第四节导流环汽封块端面改进形式处理，不增加费用及工作量，可显著降低汽封块端面之间漏汽。

4. 汽封轴向位置的检查

对于转轴为城墙齿的汽封，为确保密封效果需要检查汽封齿与城墙齿凸台边缘前后侧的轴向距离，检修时一般结合动静间隙测量进行检查，但对这项检查流于形式的情况很多。由于差涨的存在，汽封齿与城墙齿凸台的相对位置，冷态与热态有差别。有些汽封齿，虽然检修时测量出的轴向位置，符合制造厂提供的标准要求，但转子上的磨痕明显显示出位置有偏差。转子上的磨痕是机组运行中汽封齿轴向实际位置的"记录"，所以检修时不但应认真测量汽封齿的轴向位置，还需要认真观察各汽封齿在转子上留下的磨痕。汽封块的长齿位于两城墙齿之间，只要不与凸台相碰即可（现场曾发现与凸台轴相碰磨的现象）。短齿侧须确保齿尖与凸台不错开，并留有一定裕度。对于没有城墙齿的叶顶汽封及隔板汽封，尤其是低压缸的汽封，也应通过转子上的磨痕检查汽封齿与相对应的台阶是否存在错开、脱空的情况。

第七节　常用汽封形式对比

汽封是汽轮机通流部分的重要部件，对机组安全、经济运行有直接影响。近年来，为了提高机组的经济性和安全性，陆续开发出许多新型汽封，如布莱登汽封、蜂窝式汽封、刷式汽封、接触式汽封、侧齿汽封、DAS 汽封等。这些汽封具有不同的特点，适用于不同的部位。

1. 各种类型汽封简介

（1）蜂窝汽封。早在 20 世纪初，蜂窝式密封便开始应用于航天技术，其后推广至汽轮机行业。蜂窝汽封由规则的菱形正六边形蜂巢状小孔组成。结构如图 3-61 所示。

蜂窝汽封是以汽流通过蜂窝带状结构时能产生很强的涡流，从而形成很大的阻尼而达到阻止工质泄漏的密封效果，不过这仅仅是概念性的认识。国内外的工程技术人员都做了大量的研究工作，但是蜂窝汽封的密封效果当前还是以实测为主，由于蜂巢密封结构的复杂性，其密封原理机理的理论研究远远落后于实际应用。

蜂窝汽封正六边形蜂窝孔，是由厚度仅为 0.05～0.10mm 的海斯特合金，（Hasttel-loy-X）经特殊的加工手段制成蜂窝带构成的。蜂窝的深度及大小根据设计规范确定。蜂窝带采用真空钎焊技术焊接在汽封块内表面上。虽然海斯特合金片很薄，但折合成六边形蜂窝状后，使其在高度方向上有足够的强度，不会在碰磨时产生挤压变形。

有关研究表明蜂巢与梳齿相结合的梳齿式蜂巢汽封，可以取得更好的密封效果，如图 3-62 所示。

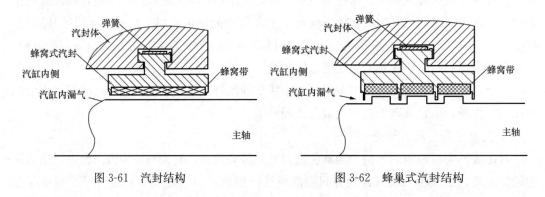

图 3-61　汽封结构　　　　　　　图 3-62　蜂巢式汽封结构

梳齿式蜂巢汽封改变了蜂巢与梳齿腔内的流场结构，蒸汽流过梳齿式蜂巢汽封时不但生成漩涡，同时进一步强化了由于流体的惯性作用进入蜂巢孔中，然后再反冲出来阻滞迎面漏过来的蒸汽，这两者的综合作用更有效地提高了密封效果。且由于在迎汽流方向蒸汽首先接触汽封齿，避免了对蜂巢边缘的冲刷损坏。现在供货商提供的蜂巢汽封，蜂巢高度只有 3.2mm，是按照密封作用计算确定的。由于汽封运行中难免发生碰磨，使其本来较低的高度进一步降低，因此大部分汽封只能使用一个大修周期，非常可惜。若适当增加蜂巢厚度，便可延长使用寿命。蜂窝的网孔可以吸附水滴、除湿、保护叶片（需要有相应的疏水设置）。

（2）布莱登汽封。布莱登汽封取消了传统汽封背部的弹簧片，改为在每圈汽封弧段的端面处，加装了四只螺旋弹簧，形成汽封开启力。图 3-63 为莱登汽封示意图。

布莱登汽封加大了汽封颈部与汽封槽的间隙，并在汽封进汽侧增加进汽槽。在机组停运状态下，汽封块在开启力的作用下，处于张开状态，从而与转子保持很大的间隙。机组启动后达到设定负荷，在汽封进汽侧与出汽侧蒸汽压差的作用下，汽封出汽侧颈部与汽封槽轴向支撑面贴合，在汽封的背部与汽封槽道之间形成一个半密闭的腔室，蒸汽进入腔室，作用在汽封弧块背部的蒸汽压力逐步加大，形成汽封关闭力。当关

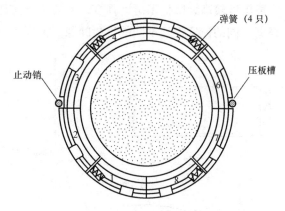

图 3-63　布莱登汽封结构

闭力大于所有阻止关闭的阻力时，汽封开始逐渐关闭，并处于工作状态，始终保持与转子的最小间隙值运行。停机时，随着进入腔室的蒸汽量减小，汽封关闭力随之减少，当蒸汽流量减少至额定蒸汽量的 $3\%\sim30\%$ 时，在汽封开启力的作用下，汽封弧块张开远离转子，汽封与转子达到最大径向间隙值。由于布莱登汽封具备的结构特点，可以避免机组启动时自冷状态向热态过渡的不稳定区间，以及转子过临界时因振动大产生的汽封碰磨。因此可以将间隙调整的很小（最小为 $0.35\sim0.45$mm）。由布莱登汽封工作原理可知，布莱登汽封主要用于汽封环前后压差较大的高、中压的轴封段和隔板汽封，否则无法实现开合作用。

（3）刷式汽封。刷式汽封是一种柔性密封，刷式密封的结构见图 3-64。

密集排列的细金属丝刷毛之间形成微小缝隙，这些缝隙构成的曲折路径，使流体在其中的流动为不均匀性状态，从而产生自密封效应，减少了介质的泄漏。刷毛固定在前后保护环之间，迎汽流方向的前保护环高度较低，出汽侧的后保护环与其他汽封齿高度基本相同。金属丝直径取决于金属丝的固定方法，焊接固定的金属丝直径为 $0.15\sim0.20$mm，编织固定刷毛的金属丝直径为 $0.07\sim0.10$mm。随着金属丝直径减小，弹力增强与转子碰磨时对转子的磨损越轻。刷毛与转子转向有一定倾角，使金属丝与转子接触时顺势倾斜，起到退让作用，降低了碰磨强度，并且很容易恢复闭合状态，因此短时间与转子碰磨后，产生的磨损明显小于硬齿类地汽封。

如刷式汽封的毛刷高度与汽封齿相同，其密封效果无异于传统的梳齿汽封。因此，刷式密封的密封效果，主要取决于刷丝的排列密度和刷毛与轴颈之间的间隙。刷毛的排列密度在一定工作状态下有一最佳值。后保护环与轴颈之间的间隙也应尽可能小，以保证刷子具有足够的刚度。随着汽封前后压差增大，所有形式的汽封漏汽量均将增大，而刷式密封的漏汽量增量相对较小。

（4）"接触式"汽封。王常春"接触式"汽封采用在汽封块中心部位嵌入与轴近似无间隙接触的密封环的方式提高密封效果。密封环为非金属多元复合材料，具有耐磨、耐

油、摩擦系数低、不易变形等特点，结构如图 3-65 所示。密封环按圆周方向等分为数段，密封环质量很轻，每一段密封环背部的弹簧刚度亦较低，因而与转子碰磨时很容易向后退让，灵敏度较高，降低了碰磨强度。实质上，接触式汽封并非与转轴零间隙直接接触，而是根据不同的位置设计不同的汽封间隙，范围为 0.05～0.15mm。

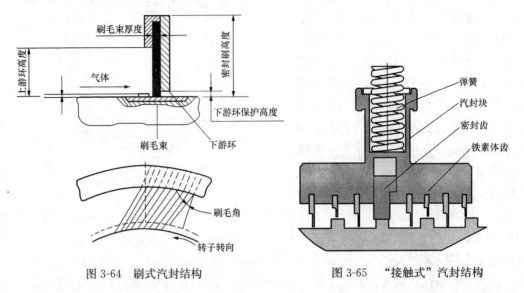

图 3-64　刷式汽封结构　　　　图 3-65　"接触式"汽封结构

接触式汽封可根据机组不同位部的需要，与蜂窝、铁素体齿等组合为接触式蜂窝汽封、接触式铁素体汽封、接触式蜂窝铁素体汽封以达到密封效果最大化，见图 3-66。

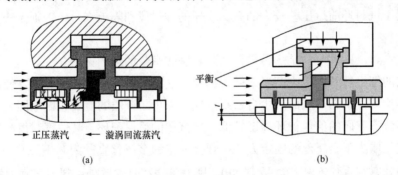

图 3-66　接触式蜂窝和接触式蜂窝式铁素体汽封
（a）接触式蜂窝汽封；（b）接触式蜂窝铁素体汽封

接触式蜂窝汽封通过接触环使得汽流在流过时受阻，强化汽流挤入蜂窝巢穴内，蜂窝发挥了更大的减压、汽阻作用。同时蜂窝带间隙在设计时采用上限间隙，减小了蜂窝带与转子碰磨的几率，有利于机组的安全运行。与铁素体齿的结合，使动静间隙最大限度地减少，从而达到更佳的技术组合，进一步提升阻流作用。

（5）侧齿汽封。对于常规的梳齿汽封，汽封径向间隙是决定漏汽量大小的最主要因素，但过小的间隙又不可避免地造成碰磨，减小间隙又受到一定的限制。侧齿汽封是在梳齿汽封原有结构的基础上进行改造，在汽封齿侧面或腔室顶部加工出侧齿或顶齿，由于侧齿的存在相当于把单一汽封腔分割成多分，在汽封腔室内形成更多的大小漩涡，相应的热力学效应和摩阻效应增加，蒸汽通过汽封齿后动能转化更彻底，在不减小汽封间隙的情况下，达到提高密封效果的目的。

可以直观的认为，由于高齿上带有不同数量的侧齿，因此在相同的汽封段内，蒸汽泄漏时经过的齿数增加，使漏汽量减少，其结构如图 3-67。

不同的研究资料显示侧齿汽封与传统梳齿汽封相比漏汽量可以减少 15%～27%，数据相差太大，很难判定哪一个数据更可靠。侧齿汽封的加工难度较大，因此价格较高。

（6）金属浮动齿汽封。金属浮动齿的材料为铁素体 0Cr15Mo，硬度较低，有较好的塑性、韧性。浮动齿装在汽封母体的 L 形槽内，浮动齿背部的支撑弹簧刚度较低，按照能够平衡浮动齿质量为准，使活动的阻汽齿处于近似浮动状态。汽封间隙消失时，浮动齿很容易退让，可以降低碰磨强度。因此可以将浮动齿间隙缩小至 0.25～0.35 mm，其结构如图 3-68 所示。图中浮动齿装在汽封短齿的位置上，调整浮动齿径向间隙时，采用间接测量的方式，即先将汽封块间隙调整好，然后以汽封块的固定齿的齿高为基准，作准浮动齿间隙。浮动齿虽然在结构上属于硬齿汽封，但具有柔齿汽封的特点，因此对转子振动有较强的适应性。

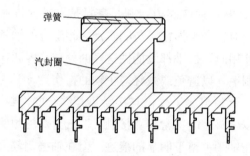

图 3-67　侧齿汽封结构

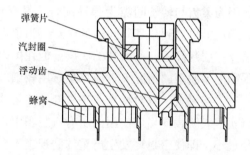

图 3-68　金属浮动齿汽封结构

（7）DAS 汽封。DAS 汽封与传统梳齿汽封几乎完全相同，仅多了两道保护齿，如图 3-69 所示。

DAS 汽封保护齿径向间隙比其他常规齿小 0.13mm，即图 3-69 中 Z-2 比 Z-1 小 0.13mm。因此，当汽封发生碰磨时，保护齿首先与转子接触，从而起到保护其他汽封齿避免磨损的作用。保护齿特由特殊材料（16%～18%Gr 合金）制造的，比汽封块的其他梳齿厚，镶嵌在汽封块上。其耐磨性比较好，材质具有摩擦系数小，硬度较低的特点，不易在转子上磨出划痕。

2. 各种形式汽封特点及合理使用

（1）各种形式汽封特点比较。

1）蜂窝汽封特点。与现有的其他各种形式的"硬齿"汽封相比，蜂窝汽封的汽封齿最薄，硬度也最低。因此碰磨时不会像其他"硬齿"汽封一样在转子表面留下显著的磨痕。同时，蜂窝汽封与其他"硬齿"汽封不同，在与转子碰磨时不会产生

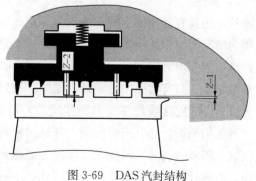

图 3-69　DAS 汽封结构

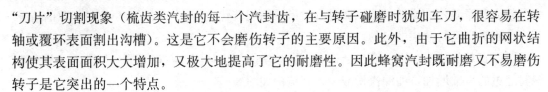

"刀片"切割现象（梳齿类汽封的每一个汽封齿，在与转子碰磨时犹如车刀，很容易在转轴或覆环表面割出沟槽）。这是它不会磨伤转子的主要原因。此外，由于它曲折的网状结构使其表面面积大大增加，又极大地提高了它的耐磨性。因此蜂窝汽封既耐磨又不易磨伤转子是它突出的一个特点。

2）布莱登汽封特点。布莱登汽封是当前汽封中唯一在工作过程中汽封块的位置发生变化的汽封。正是这一特点使其具备其他形式的汽封不具备的优点，在机组启停过程中不稳定状态下能够有效地避免碰磨。但是也正是这一特点，使其可能发生其他形式的汽封不可能发生的缺陷，即运行中未能合拢，造成漏汽量剧增。

3）DAS 汽封特点。DAS 汽封与布莱登汽封同属硬齿汽封，仅就汽封齿形式而言，这两种汽封与传统梳齿汽封结构完全相同。这两种汽封都是通过结构改进，保护汽封齿运行中不被磨损。为达到同一个目的，采用不同的途径。使用情况显示 DAS 汽封经运行，保护齿将会在较短时间内磨至与其他梳齿一样高，保护齿作用将受影响。

4）刷式汽封特点。刷式汽封名义上属于柔齿汽封，究其实际，应视为硬齿与柔齿相结合的汽封。安装时通常将其硬齿按照标准间隙调整，柔齿间隙在此基础上可较大幅度减小。因为柔齿与转子间隙为弹性配合，具有较好的自适应能力。刷式密封是一种允许摩擦，理论上可做到"零"间隙的密封。为了避免对轴产生损害，与刷式密封相配合的轴颈处需要一层耐高温、耐磨蚀的涂层。但在国内使用时，似乎都没能做这样的处理。因此在确保刷毛不脱落的情况下，应尽量选用较细的刷毛，以避免或减轻对主轴的损伤。

5）"接触式"汽封特点。王常春"接触式"汽封也属于硬齿与接触齿相结合的汽封。现场实践表明，在当前使用的所有汽封当中，发生碰磨时王常春"接触式"汽封对轴颈的损伤最小。即使密封环发生严重的磨损也不会在轴颈上留下明显的痕迹。但在轴振比较大时容易使振动扩展、恶化。

6）侧齿汽封。侧齿汽封的特别之处在于，目前已知的各种形式的汽封，随着运行时间增长，绝大多数情况下，汽封间隙不可避免的被逐渐磨大，漏汽量亦随之增加。由于侧齿位于梳齿的轴向，只要差涨不超限，侧齿部分不会发生磨损，因此运行中侧齿的阻尼作用不会降低。与其他各种形式的汽封相比，汽封间隙磨大后，理论上漏汽量增量较低。但到目前为止，侧齿汽封所有的供货商都仅提供了密封效果的理论计算值，尚未见到权威试验证实计算数据的正确性。

7）镶嵌式汽封特点。在此，应提及镶嵌式汽封片，作为传统汽封，除其结构简单、紧凑外，还具有其他所有类型汽封都不具备的特点。其他各类型的汽封，汽封块之间都留有周向膨胀间隙。此间隙量极难掌握，过大则平面漏汽，过小则会使汽封块膨胀后向外顶开，径向间隙增大增加漏汽量。运行中两者必居其一，很难做到恰到好处。而镶嵌式汽封片整圈镶嵌，只有水平中分面处有接缝。汽封片自身质量很轻，热容量极低与母体之间几乎无温差，因此接缝处亦没有膨胀间隙，避免了此间隙漏汽。此外，汽封块安装在槽道中，因结构原因，必有安装间隙，其轴向密封面很难做到十分严密。而镶嵌式汽封片涨紧在汽缸或隔板（持环）内壁上，镶嵌处能做到完全不漏汽。但镶嵌式汽封片的缺点亦十分突出，汽封片没有丝毫退让能力，因此极不耐磨。一旦间隙磨大，无法调整，只能拔齿重镶，检修十分不便。如果运行中能够尽量做到不碰磨，其优势将更加彰显。

（2）各类汽封的合理使用。西门子套缸式汽轮机的结构形式，决定了它不可能使用可调式汽封块，因此缸内全部采用镶嵌式汽封。通过科学、巧妙的设计及安装、调整充分利用了镶嵌式汽封的长处，取得了良好的效果。这是一个很好的实例，不管什么形式的汽封，利用得当至关重要。

对比各类汽封的结构特点。由于过桥汽封位于高、中压缸蒸汽温度最高，启动后温度变化最大的部位。热应力高、膨胀量大，因此在启停阶段热不稳定状态时，造成汽封碰磨的可能性较其他部位大。转子通过一临界时，处于转子中部的过桥汽封部位振幅最大，同样增加了碰磨的几率。由于布莱登汽封具有机组启动初期可以张开的特点，借此特点可避免出现的上述问题引起的碰磨，因此布莱登汽封较适用于过桥汽封。高压缸排汽侧平衡活塞直径大，因此漏汽量也较大。漏汽直接流入中压排汽口，为始终保持较低的漏汽量，亦较适合使用布莱登汽封。

由于叶顶汽封运行中即使与覆环碰磨也不会造成转子热弯，当今振动理论认为，一般不会引起碰磨振动。但严重的碰磨会在覆环上留下非常显著的划伤，同样也是不能接受的。刷式汽封及蜂窝汽封与转子碰磨时对转子的损伤较轻，尤其是蜂窝汽封基本上不会磨伤转子。而且两种汽封都具备比较耐磨的特点，因此更适用于直径大线速度比隔板汽封高的叶顶汽封。

许多电厂将蜂窝汽封用于低压缸末三级叶顶汽封，认为借助其除湿功能可以减少叶片水蚀，这种做法是不科学的。的确，核电厂汽轮机由于蒸汽参数低，叶片水蚀现象突出，因此较为广泛的使用蜂窝汽封。核电厂的汽轮机在制造时充分考虑到了蜂窝汽封除湿功能，在末几级隔板安装汽封的凹槽内设有疏水孔。蜂窝部分与汽封块母体采用分段间隔焊接的方式，留出了疏水通道。由于采取了这些措施，使安装在这些部位的蜂窝汽封确实能起到除湿作用。而火电厂的汽轮机原设计使用的基本是梳齿汽封，没有上述的相应措施，滞留在"蜂窝"内的积水无法排出，因此即便使用蜂窝汽封亦无法发挥它的除湿作用。低压缸后几级漏汽面积占叶片通流面积比例比前几级小许多，所以改进的效果没有前几级显著。通常末2~3级叶顶间隙很大，尤其是末级和次末级叶顶间隙更大，改造的意义不大，次末级若间隙不是很大可根据需要改用蜂窝汽封。

由于运行中低压转子相对位移量较大，因此低压缸汽封通常设计为"光轴"对平梳齿。不采用城墙齿对高低梳齿汽封是不得已的选择，没有"城墙齿"对蜂窝汽封密封效果的影响远比梳齿汽封小，因此蜂窝汽封更适用于低压缸。

低压缸端部汽封压差很小，密封要求很高，环境温度低，使用接触式汽封较合适。按照资料介绍接触式汽封径向可以为零间隙。但在实际使用中间隙调整为零，控制不当很容易出现负间隙，因此间隙的下限最好不要小于0.10mm。轴封位置靠近两临界的敏感区，较容易引起碰磨振动。运行实践表明，当轴振大于0.10mm时，很易引发振动爬升，决定使用接触汽封前，需要注意原始振动情况。

当转轴为城墙齿时，应在转子处于差涨零位，或换算至零位的情况下，测量接触式密封环至城墙齿凸台边缘前后侧的轴向距离，该距离必须大于正负差涨的极限值，否则差涨

较大时密封环会落入城墙齿的凹槽中造成损坏。

低压轴封使用接触汽封已经较为普遍，低压轴封布置，见图 3-70，图中 X 腔为轴封密封蒸汽供汽腔，Y 腔为泄汽腔通至轴封加热器。

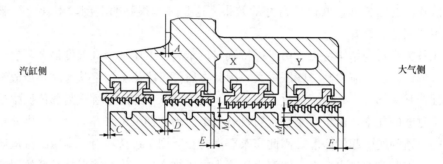

汽缸侧　　　　　　　　　　　　　　　　　　　　　　　　　　　大气侧

图 3-70　低压轴封布置图

许多电厂为了节约费用，仅在轴封最内侧和外侧各加一道接触汽封。外侧的接触汽封位置选择有所不同，有的电厂将其放在 X 腔与 Y 腔之间，即轴封供汽腔外侧，还有的电厂将其放在最外侧，如此改进虽然有助于解决轴封漏真空问题，但都有欠妥之处。前一种组合方式，由于在 X 腔与 Y 腔之间放置了接触汽封，使漏入 Y 腔的密封蒸汽量大大减少，容易造成大量空气漏入轴加。而后一种组合，虽然阻止了空气漏入轴加，但由于 X 腔与 Y 腔之间没有使用接触汽封，因此未能解决低压轴封供汽直接漏入轴加的问题。正确的方法是在轴封供汽腔，即 X 腔前后各装一道接触汽封，分别阻止密封蒸汽漏入低压缸及轴封加热器。至轴封加热器的腔室，即 Y 腔大气侧装一道接触汽封阻止空气漏入轴加。这样安排既可以减少空气漏入量，又可以减少蒸汽漏入低压缸及轴加。

第八节　汽封调整与蒸汽激振

我们已经从经济运行的角度，对测量汽缸变形的测量的必要性、重要性进行了较详细的叙述，实际上，上述的测量调整工作不但有利于汽轮机的经济运行，同时也有利于机组的安全运行。随着汽轮机向大容量、高参数方向发展，汽流激振问题越来越突出，汽流激振的机理十分复杂，但目前的研究表明通流部分的偏心是产生激振力的重要原因之一。例如叶顶间隙不均匀产生的激振力，图 3-71 为叶顶间隙不均匀所产生的汽流激振力的示意图。

当转子与汽缸、持环不同心时，叶顶间隙沿圆周方向分布不均匀，不同间隙位置处蒸汽泄漏量不同。叶顶间隙小的一侧，蒸汽漏量小，效率高，作用在叶片上的气动力大；叶顶间隙大的一侧，蒸汽漏量大，效率低，作用在叶片上的气动力小。气动力合成后，除了可以得到扭矩推动转子旋转外，还会产生一个垂直于转子偏心方向的切向力。一旦该切向力大于阻尼力，就会导致系统失稳。

为了求出该切向力，有人假设叶片局部效率损失正比于叶顶间隙比，在此基础上推导出激振力 F 计算公式

$$F = \beta \frac{Te}{DL}$$

式中　β——效率系数；

　　　T——作用在叶轮上的扭矩；

　　　e——转子偏心；

　　　D——叶片平均高度处的直径；

　　　L——叶片高度。

由上式可以看出，转子偏心所产生的汽流激振力与叶轮级功率、偏心量成正比，与动叶平均节径、高度成反比。因此，汽流激振容易发生在大功率、高参数汽轮机及叶轮直径较小、叶片较短的转子上。即大中型汽轮机的高、中压转子上。该模型虽然无法定量计算激振力的大小，但定性的对汽流激振力进行了阐述。

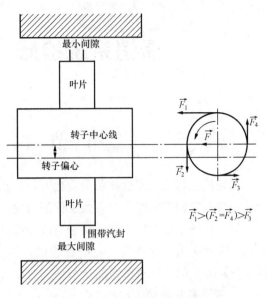

图 3-71　叶顶间隙不均匀所产生的汽流激振力示意图

同样，轴封间隙偏心，也会产生汽流激振，虽然机理有所不同，但造成的危害是相同的。

我们分别从经济、安全两方面进行了叙述，强调汽缸变形量测量，通汽部分调整的重大意义。通汽部分的检修质量不但影响经济运行，同时也影响安全运行，随着国内大容量机组的不断增多，有关问题将更加突出。

第四章
滑销系统检修

第一节　汽　缸　死　点

汽轮机在启动、停机和负荷变化时，汽缸、转子的温度发生很大的改变。随着温度的变化，要发生相应的胀、缩。为了保证汽轮机既能定向的自由膨胀，又在膨胀过程中始终使汽缸与转子中心保持一致，转子与静止部件之间的间隙保持在许可的范围内。汽轮机的滑销系统就是为了达到这一目的设置的。不同类型的机组，滑销系统既有共性，又有异性。汽缸死点的布置对机组的运行情况有很大影响，不同类型机组死点布置有较大差别。

1. 两缸机组滑销系统

(1) 两缸座缸式轴承座机组滑销系统。图 4-1 所示为较典型的低压缸前后为座缸式轴承座，汽缸死点在低压缸中部的两缸机组滑销系统。低压外下缸撑脚与台板之间依靠四只滑销定位，汽缸两侧横向中心线上各有一只横销，前后两端的纵向中心线上各有一只纵销，共同构成汽缸死点，故称为单死点膨胀系统。

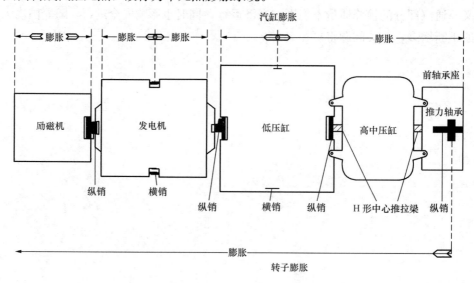

图 4-1　两缸单死点膨胀滑销系统

(2) 两缸落地式轴承座机组滑销系统。图 4-2 为低压缸前后设置落地式轴承座机组的滑销系统，这种类型的机组，均为多死点膨胀系统。通常高、中压缸死点位于高、中压缸与低压缸之间的第 2 轴承座处，低压缸单独有一个死点，大多位于低压缸中部。

(3) 两种布置各比较。两种布置各有优劣，多死点的膨胀系统的优点是：机组绝对膨胀量较小，单死点的膨胀系统有利于减少差异膨胀。但外缸的"调端"壁面需承受高、中

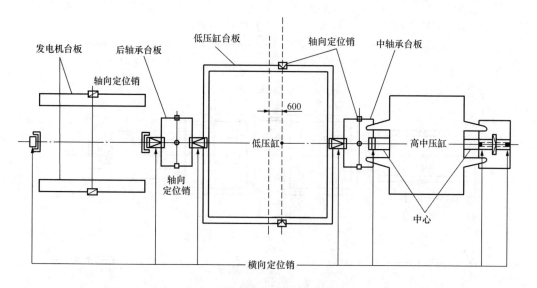

图 4-2　两缸多死点膨胀滑销系统

压缸向前膨胀的反推力，对于刚度较差的低压外缸很不利。多死点膨胀系统汽缸的死点，设置在刚度比低压外缸大得多的轴承座上，因此其承力能力更好，但不利于减少差异膨胀。

2. 三缸机组滑销系统（两个低压缸）

（1）三缸落地轴承座机组滑销系统。三缸，低压缸配置落地轴承座机组，也为多死点膨胀系统，高、中压缸死点仍布置在高、中压缸与低压缸之间的第 2 轴承座处，两个低压缸各有一个死点，见图 4-3。

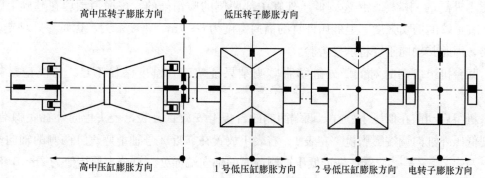

图 4-3　三缸多死点膨胀滑销系统

整台机组轴系有一个死点，而汽缸有三个死点，因此其绝对膨胀量较小，但必须妥善解决三死点间相对膨胀问题，即两中间轴承座的两部分间相对膨胀问题。

（2）三缸座缸式轴承座机组滑销系统。三缸，低压缸前后配置座缸式轴承座的机组，滑销系统的典型布置是在与中压缸相邻低压缸中部设置死点，电端低压缸另有一个死点。有些机组在两个低压外缸之间设置推拉梁，低压 2 号缸跟随 1 号缸移动，如图 4-4 所示。

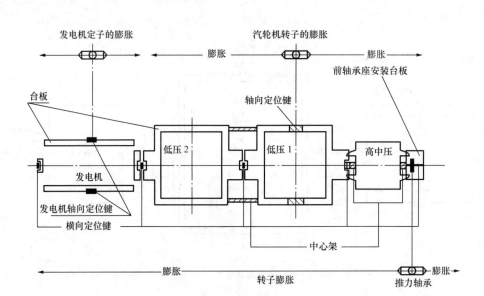

图 4-4 低压缸设推拉装置滑销系统示意图

这样布置虽然汽缸只有一个死点，但由于有两个低压缸，因此低压缸承受轴向推力更大。低压Ⅰ外缸尤其突出，其调端要承受高、中压缸膨胀的反推力，电端需要承受低压Ⅱ外缸的膨胀力。

（3）两种布置各比较。低压缸设置落地式轴承座的机组，由于高、中压缸死点布置在高、中压缸与低压缸之间的第 2 轴承座处。高、中压缸膨胀的反推力，作用在宽度为 1.6m 的第 2 轴承座底部的横销上。而座缸式机组高、中压缸的膨胀的反推力，则是通过低压Ⅰ外缸的调端壁面传递到低压外缸中部两侧的横销处的。该横销预埋在基础上的构件，有足够的剪切强度。但低压外缸的横向宽度为 6～7m，跨度很大，犹如一只双支点Ⅱ形梁，因此其轴向刚度将承受考验。

某台机组启动时对低压外缸膨胀监测结果证实，其刚度略显不足。监测记录见表 4-1。

机组启动前在低压Ⅰ外缸，调端两侧的台板上安放百分表，表头指向外缸底脚端面，监视低压外缸向调端膨胀量。左表 1、右表 1 放置在靠近 2 号轴承座汽缸两侧的轴向端面处，左表 2、右表 2 放置在靠近低压缸侧壁面的轴向端面处。百分表原始值为 2mm，汽缸初始温度为 21℃。从表 4-1 中数据变化可以看出，送轴封汽后随着缸温上升，汽缸开始膨胀。当缸温达到最高值达到 54℃时，左表 2、右表 2 反映汽缸涨出了约 2mm，但左表 1、右表 1 所指靠近轴承座处仅略有膨胀。直观地反映出低压缸中部未能涨出，汽缸壁面被顶弯的现象。这也是造成这类机组普遍存在运行中差涨超限的重要因素之一。

此外，在两个低压缸之间设有推拉梁时，推拉梁传递的作用力促使汽缸端部壁面变形，与其相邻轴将会受到影响（汽轮机安装期间，低压缸之间的推拉梁就位时，非常明显地反映出对低中心的影响）。低压Ⅰ电端的端面（即 4 瓦侧）承受的推力水平最高，该机型 4 瓦温度普遍偏高的原因与此有关。

| 表 4-1 | | 启机过程中低压缸Ⅰ膨胀记录 | | | | | mm |

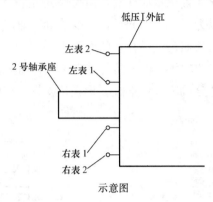

示意图

时间	左表 2	左表 1	右表 1	右表 2	缸温（℃）	状态
16：30	2.0	2.0	2.0	2.0	21	未投轴封汽（冷态）
19：56	2.85	2.12	2.02	2.68	25	送轴封汽抽真空后
4：40	4.10	2.30	2.08	4.09	54	冲转前
5：40	4.0	2.28	2.06	3.98	50	2000r/min
7：00	3.97	2.28	2.06	3.97	49	2000 r/min
7：30	3.96	2.27	2.06	3.96	49	3000r/min
7：41	3.96	2.27	2.06	3.97	49	10MW
8：20	2.86	1.74	1.63	2.90	30	100MW
9：20	2.60	1.52	1.415	2.68	30	125MW
10：20	2.42	1.475	1.35	2.68	31	200MW
11：00	2.43	1.47	1.35	2.69	32	300MW
11：20	2.43	1.47	1.35	2.69	32	310MW

第二节　滑销系统检修要点

滑销系统是使汽轮机安全可靠运行的重要构件，但在检修现场很多时候对滑销系统的检修，有明显的缺失，需要注意如下几项工作。

一、前轴承箱翘头问题

1. 前轴承箱翘头现象及原因

所有设置滑动式前轴承箱的汽轮机，前箱与台板之间的滑销大致相同，典型结构如图4-5 所示，主要区别在于轴承座与台板之间的接触方式。

前轴承箱存在前翘头问题十分普遍。很多机组停机后出现前翘头，投运随着汽缸膨胀翘头逐渐消失。部分机组运行中始终存在翘头，轴承座与台板之间张口可达 0.20～0.30mm。前者，仅对大修校正轴系中心构成影响，但后者由于翘头始终存在，轴承座与

台板仅局部接触，长期如此很容易在台板上磨出凹痕，造成轴承座膨胀不顺畅。

　　尽管运行中不少机组存在轴承箱前翘头，但大部分机组运行中振动并没有明显异常反应，因此很多电厂对此习以为常，未引起重视。少数电厂即使大修，对前轴承箱的滑销也不进行检查，这是这类问题长期、大量存在的原因。

　　轴承座前翘头与汽缸和前轴承箱的连接方式有关。目前大容量汽轮机高压缸猫爪均采用中分面支撑的方式。大部分机组采用下缸 Z 形猫爪支撑，如图 4-6 所示。

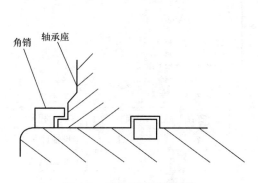

图 4-5　前轴承箱滑销结构

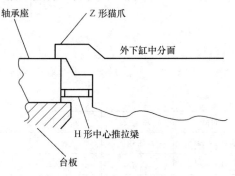

图 4-6　Z 形猫爪支撑示意图

　　Z 形猫爪结构的汽轮机前轴承箱与汽缸之间，几乎都是用 H 形中心推拉梁连接的。运行中汽缸膨胀或收缩时通过 H 形中心梁推拉前轴承箱。

　　前轴承箱产生翘头现象，主要与 H 形中心推拉梁安装不当有关。H 形中心推拉梁安装在汽缸下部，前端与轴承箱连接，后端通过偏心销与汽缸连接。当汽缸受热膨胀时，与汽缸固定的后端跟随汽缸向下移动（忽略轴承箱垂直方向的膨胀量）。H 形中心推拉梁随汽缸下移，将给轴承箱一个翻转的力，如图 4-7 所示。

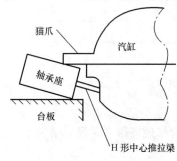

图 4-7　前轴承箱翘头示意图

　　结构显示，转子与汽缸猫爪的承力点，均在前箱的后部，距离后端面很近的部位，而轴承箱前端负载十分轻。

　　H 形中心推拉梁的断面形状类似工字钢，中间部分相当于工字钢腹板，这个部位垂直方向刚度不高，较柔软。如安装正确，汽缸膨胀时，可以通过"腹板"拉弯变形吸收翻转力。倘若 H 形中心推拉梁汽缸侧安装位置偏低，冷态时中心梁已经向下弯曲，或 H 形中心推拉梁"腹板"刚度偏大。运行中汽缸受热，中心梁进一步向下弯曲，使翻转力增大，便容易造成轴承箱前端翘头。如前所述，前轴承箱前端翘头时，多数情况下无论是轴振还是瓦振，都未受到明显影响，因此很多时候被忽略了。

　　2. 前轴承箱翘头的处理

　　大多数汽轮机安装说明，均未清晰的提及 H 形中心推拉梁的安装要求，不可否认这是一个缺憾。在 H 形中心推拉梁安装时，给予一定量的向上冷拉值，应是解决前轴承箱翘头的途径。前面叙述中已经提到，汽轮机运行中由于汽缸膨胀迫使 H 形中心推拉梁向下弯曲，假设 H 形中心推拉梁至汽缸水平中分面的距离为 1.0m，高压缸排汽端壁温为 300℃，设汽缸材质的线膨胀系数为 1.2×10^{-5} m。忽略轴承箱的膨胀量，汽缸侧 H 形中心推拉梁，相对前箱向下弯曲的数量应为 3.6mm，腹板将给轴承箱后端一个向下拉力，由于轴承箱前端的负载很轻，因此较容易在这个下拉力的作用下产生前翘头。

机组在冷状态下时，H 形中心推拉梁处于自然状态，无变形应力。即冷态时 H 形中心推拉梁对轴承箱的垂直方向作用力为零，热态作用力为 100％。反之在 H 形中心推拉梁安装时，汽缸一侧向上冷拉 3.6mm，则变为冷态时 H 形中心推拉梁向上抬起的作用力 100％传递给前箱，而热态 H 形中心推拉梁对轴承箱的垂直方向作用力为零。冷态时，H 形中心推拉梁给前轴承箱后端一个后翘头的作用力。因作用力的支点在汽缸上，故 H 形中心推拉梁汽缸端向上冷拉，不会产生负

图 4-8 台板平面拉毛实例

面影响，且有利于使轴承箱前端更扎实的贴向台板。从现场实际情况看，H 形中心推拉梁安装时，被向下拉的几率应大于被向上拉的几率，这是十分不利的，应引起注意。

处理翘头时，可以取出猫爪底部垫块，将前轴承箱抬起少许检查轴承箱底面与台板平面的接触情况，如有明显拉毛现象应将轴承箱抽出，彻底清理、磨光台板及轴承箱底面。图 4-8 是一台机组前轴承箱翘头造成的台板平面拉毛的实例，取出轴承箱的工作量较大，有一定难度。因此需要预定详细的施工措施，重点是汽缸的稳固支撑及详细的监视尺寸测量，确保轴承箱清理后顺利、准确复位。

二、上猫爪支撑机组滑销检修要点

1. 上猫爪支撑机组前轴承箱翘头问题

当前仍有少部分机组高、中压缸采用上缸猫爪支撑的方式，其结构如图 4-9 所示。

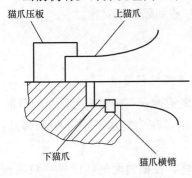

图 4-9 上猫爪支撑结构

上猫爪支撑的结构，不设置 H 形中心推拉梁，依靠下猫爪的横销完成汽缸膨胀对前轴承箱的推拉。与早期的汽轮机相比，下猫爪横销安装位置已经放低了很多，但猫爪横销推力作用点与轴承箱底摩擦面依然有一定距离，产生一个翻转力矩，使轴承箱与台板之间压力不均匀。在前轴承箱收缩时，如果轴承箱与台板之间由于种种原因摩擦力增大，仍有可能造成前轴承箱翘头。

检修时如发现前轴承箱翘头现象，应根据具体情况决定处理方案。对于运行中没有翘头现象，仅停机后出现翘头的机组，大多数情况下只要将下汽缸略微顶起，利用轴承箱两侧图 4-5 所示的

角销向下抵紧轴承箱凸肩可以很容易消除翘头。

运行中，汽缸始终处于涨出状态，台板与轴承座后部冷态的接触部位长时间暴露，此部分台板表面的污垢，停机后可能会影响到汽缸的顺利回缩。因此每次检修猫爪横销拉出后（这种结构的猫爪横销每次大修均应拉出清理检查），应将轴承座向前拉至涨足位置，彻底清理台板后部平面。

2. 猫爪工作垫片的更换

上缸猫爪支撑的机组，盖缸后需由下猫爪支撑转换为上猫爪支撑，即安装垫片置换为工作垫片。通常的做法是在下缸支撑的状态下，测量出工作垫片的厚度，分别抬起汽缸四角放进工作垫片，抽出安装垫片。置换时逐一检查上缸猫爪垂直方向标高变化，保持置换前后标高不改变。此方法看似稳妥，实际上由于上、下缸猫爪刚度的差别，以及受猫爪负荷分配不均衡等因素的影响，置换垫片后猫爪标高未变，并不等于汽缸洼窝中心不变。因此置换垫片时，仅监视猫爪标高变化是不妥的。工作垫片置换后若造成汽缸洼窝中心发生变化，将影响通流部分的同心度及轴封、汽封径向间隙。垫片置换时，已经是检修工作的末期，通流部分的调整、检查、验收工作已经全部结束，不可能再做修整。因此，必须确保垫片置换后，通流部分动静相对位置不发生改变，其间隙不受影响。

正确的置换方法是置换前，在汽缸前后轴封套端面上部与侧面各焊一个支架，在支架上架设百分表，表头指向轴颈，监视垫片置换前后汽缸洼窝中心是否发生变化。

各猫爪负荷分配是否均匀，对猫爪垫片的置换影响显著。负载偏轻的猫爪置换后，即使工作垫片"偏软"亦很可能觉察不到。为防止失误，最好每只猫爪垫片置换后，汽缸洼窝中心均有非常微小的上抬。以证实上猫爪确实已经有效地承载。

多数情况下，工作垫片置换后上猫爪将向上弯曲变形，因此若使汽缸洼窝中心不变，置换后上猫爪的标高应略有抬高。此外，置换时若某一只上猫爪抬高值，比其他猫爪大很多，则应结合猫爪垫片置换复查汽缸的负荷分配。目前大部分电厂大修时不检查汽缸的负荷分配。对于装有 H 形定中心推拉梁的机组调整汽缸负荷分配确实有困难，但对于猫爪横销结构的机组，还是非常有必要做好汽缸负荷分配的。这类机组如果负荷分配较差，置换垫片时，不但会发生上述的猫爪抬高值偏差大的问题，同时还极易造成汽缸水平方向（立销）蹩劲，以及机组投运后汽缸左、右两侧膨胀不同步或间隔性不对称。

三、低压缸滑销检修要点

1. 低压内缸滑销检修要点

（1）内缸的横销检查。多数机组低压内缸的纵向定位键即横销，在下缸水平中分面搁脚处，如图 4-10 所示。

为了方便调整，在横销两侧各设置一只插板销。很多电厂检修时因为担心低压内缸蹩劲"走位"，不敢拉出内缸两侧的横销插板。实际上这是一个悖论，如果确实存在蹩劲反而一定要拉出

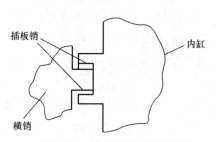

图 4-10 低压内缸横销示意图

插板销

内缸

横销

插板处理。

低压缸检修，有时会发现这样的现象。汽封单面磨损，这种情况很多时候是内缸横销单侧卡涩造成的。运行中汽缸受热膨胀，在正常情况下横向膨胀是以轴向中心向两侧均匀膨胀。在单侧横销卡涩的情况下，由于卡涩的一侧的膨胀受阻，造成汽缸两侧膨胀量不对称。卡涩一侧膨胀量小，另一侧膨胀量大；卡涩越严重，膨胀量不对称现象也越严重。如此，热状态下形成汽封两侧径向间隙一侧大一侧小；运行中，间隙小的一侧就会碰磨。待机组停运冷却后，汽缸收缩又回到正常位置上，解体后即会发现上述的情况。

低压内缸两侧的横销及底部的偏心销，都是以低压外缸作依托固定的。内缸横销及偏心销，间隙都很小。外缸的变形可能使销子的定位点位移，造成不同程度的憋劲。因此，即使低压内缸没有发生明显的不对称膨胀（没发生单面碰磨）的现象也应对横销进行检查。

如果两侧插板销拔出后内缸偏转，应视内缸的洼窝中心偏心的情况处理。如内缸偏转后，洼窝中心两侧偏差量仍然不大，可依照内缸"放松"状态下的间隙重配插板销，消除憋劲。如果洼窝中心偏差较大，应将汽缸扭正重配销子。扭正汽缸时，先将横销两侧的四只插板销全部拔出，内缸四角以外缸为支点，用千斤顶按照需要的方向，扭转内缸。用假轴监视洼窝中心，扭转到位后松开千斤顶，观察回弹情况，如回弹严重，应检查原因，定位后重配插板销。

（2）低压缸进汽口处插板销调整。低压内缸扣好后，扣上外缸时需要检查进汽口处插板销。该处，纵向及横向各有两只定位键，每只定位键配两块插板销，如图4-11所示。

此处定位销不但起到定位作用，内缸相对外缸径向膨胀时，还起到导向键的作用。无论检修时内缸调整与否，经过一个大修周期的运行，或多或少会影响定位销的状态，所以每次检修都应检查及修整全部销子。有不少电厂修后总是强行装入插板销，只有在装不进时，才予被动调整，这种做法很容易造成销子憋劲。

2. 低压缸台板活动垫片检修及台板加油

（1）低压缸台板活动垫片检修。大容量汽轮机低压外缸体积庞大，汽缸体直接坐落在基础台板上。为了减少低压外缸变形，增加其刚度，通常支撑面沿汽缸四周布置，用联系螺栓与台板连接。联系螺栓拧紧在台板上，通过活动垫片与外缸底脚保持一定间隙，使外缸能够自由膨胀，如图4-12所示。

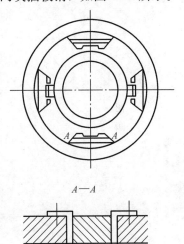

图4-11　压进汽口处插板销

低压外缸在运行中温度变化不大，但在启停过程中温度变化还是较明显的，因此仍有一定的膨胀量。大多数汽轮机低压缸前后侧轴承座都是座缸式的，如果低压缸膨胀不畅将影响机组的轴系中心，特别是两个低压缸之间用推拉装置连接的结构，反应更加敏感。因此低压缸台板活动垫片检修是不可忽视的，每次大修都应逐一拆开底脚联系螺栓，清理干净后重新装配。活动垫片间隙应符合标准，所有螺栓都应充分拧紧，不得采用松紧螺栓的办法调整活动垫片间隙。

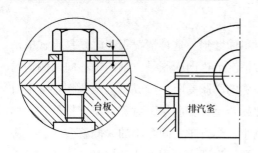

图 4-12　压缸台板活动垫片

（2）台板加油。低压缸台板与座缸式轴承座（包括前轴承箱）通常设有加油装置，膨胀阻力与润滑状态密切相关。修前机组经长时间运行，润滑脂逐渐干固变硬。因此，大修时不能仅仅简单的补充高温润滑脂，应换油，即将"老油"排出注入新油。具体做法是：注油时先将与加油孔相邻的油孔闷头拆下，向加油孔内注入新油，直至"老油"从相邻油孔内挤出，干硬的老油排尽，流出新油为止。全部处理结束后，选择数只相间油孔作为加油孔，其余油孔装好闷头，再次逐一向加油孔内注入新油。加油时注意，闷住的油孔应保持严密，不得使新油从闷住的油孔内流出，随着注油压力升高，使润滑脂自底脚与台板之间的接触面溢出，方能保证加油的效果。

有的电厂仅重视前轴承箱台板加油，机组是一个整体，低压缸台板尤其是座缸式的第二轴承座台板加油同样重要。不仅大修时需要做好台板加油，日常维护时亦应做到定期加油，只有这样才能利于滑销系统始终保持良好的状态。

第五章

碰磨振动及振动监测系统

近几年来，为了提高汽轮机的效率，降低热耗，各电厂做了大量工作，取得了明显的效果，特别是在各种新型汽封的应用上，投入了很大力量，当前各种形式的汽封，种类繁多，各具特点。为了减少漏汽损失，各电厂检修时汽封间隙普遍做得较小，大修后由于汽封碰磨，引起振动的现象极为普遍。碰磨不仅在机组启动过程中会发生，带负荷后也会发生。动静碰磨引起的振动故障具有不稳定的特点，振动可能长时间持续波动，也有可能突发。碰磨严重时，如果处理不当，有可能造成大轴永久弯曲。据有关统计，国内汽轮发电机发生的弯轴事故中，80%以上是由碰磨引起的。鉴于碰磨振动发生的频繁程度以及危险性，需对碰磨振动的机理有一定的认识。

第一节 碰 磨 的 判 别

1. 转子径向碰磨的几种类型

如果转子旋转一周始终与静止部分碰磨位置保持接触，称为整周碰磨。

若转子旋转一周只有部分弧段发生接触，称为局部碰磨。由汽封间隙过小引起的碰磨，一般不会形成整周碰磨。

按机组运行情况又可以分为启停过程中碰磨、工作转速下碰磨及带负荷后碰磨。

2. 不同工况的碰磨

转子与汽封发生碰磨之前，虽然转子的原始弯曲状态是正常的，当汽封间隙调整得很小时，启动后发生动静碰磨几乎是不可避免的。碰磨时由于转子不会整个圆周均匀地与汽封碰磨，有的弧段碰磨得重，有的弧段碰磨得轻，或仅有局部弧段碰磨。高速旋转的转子表面碰磨时会产生高温，重碰磨侧的温度高于轻碰磨侧，碰磨不均匀导致转子表面产生不对称的温差，造成热变形。因此其振动特征与转子不平衡很类似，振动信号以工频分量为主。

（1）工作转速低于临界转速的碰磨。碰磨引起转子热弯曲造成的振动，在不同的转速下有不同的反应。当工作转速低于临界转速时，振动对碰磨最敏感，如图 5-1 所示。

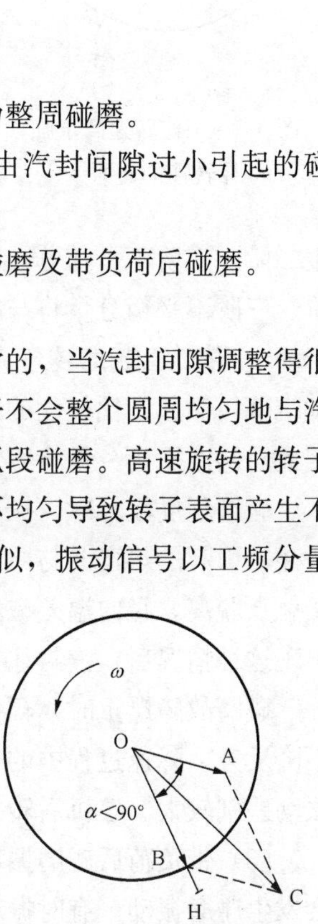

设转子初始不平衡为 OA，振动高点为 H，因而也是碰磨重点。H 点温度高于对面一侧，受热变形的影响，在 OH 方向上产生一个热不平衡量 OB。OB 与 OA 之间的夹角 α 为滞后角。工作转速低于临界转速时，振动高点和不平衡力之间的滞后角 α 小于90°，OB 与 OA 合成的结果产生了一个新不平

图 5-1 工作转速低于
临界转速的碰磨

衡 OC。OC 较原不平衡 OA 逆转了一个角度并且幅值大于 OA，振动增大又会造成动静碰磨的进一步加剧。转子热弯曲增大，使转子新的总不平衡再增大形成恶性循环。一旦碰磨引起的热变形量超出转轴弹性变形极限，热变形就会变成大轴弯曲，对机组的安全运行带来极大危害。碰磨与振动之间形成的循环，如图 5-2 所示。

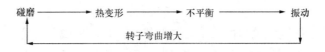

图 5-2 碰磨与振动之间的循环示意图

（2）工作转速高于临界转速的碰磨。工作转速高于临界转速时的碰磨，同样会在振动高点方向产生一个热不平衡量 OB，如图 5-3 所示。

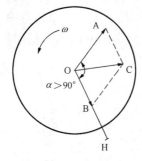

由于运行转速大于临界转速，滞后角 α 大于 $90°$。OB 与 OA 合成后产生的新不平衡量 OC 小于或接近转子的原始不平衡 OA，产生了使碰磨面脱开的趋向，越磨越小。振动减小到一定程度后，脱离碰磨，碰磨故障消失，转子变形逐渐恢复。在原始不平衡力和振动的作用下，动静碰磨又会发生，由此会导致振动在很长一段时间内不稳定。这种情况下对转子弯曲的威胁要小得多，但也不能认为在这种情况下就不会发生转子弯曲事故。

图 5-3 工作转速高于临界转速的碰磨

汽轮机转子工作转速通常在一阶临界转速和二阶临界转速之间。发生碰磨时不仅会产生显著的一阶不平衡分量，也会产生二阶、三阶不平衡分量。对一阶不平衡分量而言，在工作转速下会越磨越小。但对二阶、三阶不平衡分量将与机组启动时碰磨情况相似，由于其引起的振动之间的滞后角仍小于 $90°$，依然会越磨越弯。如果碰磨发生在对二阶不平衡分量比较敏感的区段，例如，转轴端部，激起了比较大的二阶不平衡分量，由于与转子原始二阶不平衡分量仍然是同相，因此总的不平衡分量将明显增大，从而引起进一步碰磨，仍会发生剧烈振动。

碰磨程度较轻时，振动幅值和相位具有波动特性，而且波动持续时间可能比较长。如果碰磨引起的热弯曲与原不平衡反向，合成后振动逐步减小。一段时间后碰磨消失，动静接触点脱离，径向温差减小，振动恢复原状。此时又会发生碰磨，因此振动变得不稳定。出现这种情况后，汽封往往显得比较"耐磨"，常会引起振幅长时间、大幅度波动。

碰磨故障严重时，幅值和相位不再波动，振幅会急剧增大。打闸停机初期，振动可能不降反升。降速过程中的振动往往比开机过程中的振动要大很多，机组升、降速过程中的振动差别较大。停机后转子晃度也会较开机时明显增大。

（3）带负荷后碰磨振动。经过升速及空负荷磨合，空载振动趋于正常，带负荷后仍然会发生碰磨振动，有时振动水平会很高，甚至达到跳机值。机组带负荷后与在空负荷期间相比，应对碰磨振动的手段少了许多。因此，并网前应尽量消除碰磨，降低振动低水平。低转速下磨合尤为重要，此期间的由于转速低，因此碰磨强度较低，对转子的磨损亦较低，虽然磨出间隙要消耗较多的时间，但对降低转子上的磨痕是有益的。

带负荷后汽封碰磨引起的振动热不平衡特征明显，即振动的波动存在一定的时滞。很多时候，振动开始增大时以较大的斜率直线上升，接近最大值时增长率减慢，变得较为平缓。振动减小时与此相反先以较大的斜率直线下降，接近初始水平时，下降速率减慢，变得较为平缓。此外振幅变化幅度往往比启动时小，但持续的时间会长许多且不稳定，异常振动时有时无，甚至1、2个月内仍然会偶然出现短时间的异常振动。机组启动时汽封碰磨经过升降速处理，即可将汽封间隙磨大，使振动逐渐正常。但带负荷后的碰磨，有时经多次启停后仍不能消失。

3. 碰磨故障部位的判断

监测碰磨振动，不仅要监测振动量的大小，还应要监测振动的变化量；不仅要监测振幅，还要监测相位，即矢量监测最为有效。碰磨部位可以根据测点振动矢量的波动和变化程度来判断。

（1）在大多数情况下，碰磨点附近振动矢量的波动及变化量最为明显，距离碰磨点越远振动矢量的波动及变化量越小。

（2）工作转速下，如果转子两端振动变化量以二阶分量为主，碰磨主要发生在转子两端；如果振动变化量以一阶分量为主，碰磨大多发生在转子中部或外伸端；如果振动变化量中一阶和二阶分量都有，碰磨大多发生在转子一端。

（3）如果工作转速下的振动变化较大，临界转速下的振动变化不大，碰磨发生在转子两端；如果工作转速和临界转速下的振动变化都较大，碰磨大多发生在转子一端。

第二节　冲转后对碰磨的控制

大量的运行实践表明无论是在升速过程中还是定速后，发生碰磨时，只要把振动水平控制在一定的范围内，即将转子的热弯曲量控制在较低的范围，严格控制振动不发散的前提下维持较轻的碰磨，使汽封间隙逐渐磨大，控制得当可以不对转子构成安全威胁。

发生碰磨时，不希望由于汽封的磨损使间隙过大。轴振测量探头安装在紧靠轴承处，由于振型的关系，转子通流部分间的振幅，远大于检测到的轴振水平，因此需要尽量控制振动水平不要过高，避免汽封间隙过度磨损。振动爬升，振幅接近 $0.15\sim0.18$mm 时，应停止升速。如果振动不能稳定在这个水平上，降速至一个较低的可以停留的转速，观察振动发展（可以根据机组的情况预先规划磨汽封转速）。如前所述，碰磨后转子产生热弯振动上升，降速后虽然不能立即减轻转子的热弯，但是由于转速下降，使得由于热弯产生的不平衡力的水平下降，只要不落入一个对振动响应更敏感的转速区域内，随着激振力的降低振动亦会下降。如在此转速下振动不再爬升，可恒速暖机。如果确实是碰磨引起的振动，随着转子热弯的消失，振动将逐渐下降，直至"走平"。然后再次升速，此时正常情况下可以升至比上次更高的转速，如此反复，汽封间隙将会逐渐磨到一个较为理想的状态。

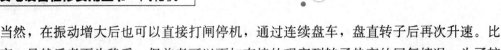

当然，在振动增大后也可以直接打闸停机，通过连续盘车，盘直转子后再次升速。比较而言，虽然后者更为稳妥，但前者可以更加直接的观察到转子热弯的回复情况。为了较快的磨出恰当的汽封间隙，在可能的情况下，应尽量使转子处于较轻的适度碰磨状态。碰磨过轻，会使碰磨过程拖延很长时间。

临界转速振动过大或已经超过临界转速或降速逗留时振动仍上升，最好选择紧急停机。因此时碰磨产生的偏心与碰磨部位一致，在较短的时间内发生碰磨引起转子弯曲的可能性较高。

第三节　低压缸的碰磨特点

1. 汽封形式差别

现场实际情况表明，低压转子发生碰磨振动大大超过高中压转子。除与本书第三章第二节，已经叙述过的与汽缸的结构刚度及支撑稳定性有关以外，还与汽封形式有关。很多机组高、中压缸大量使用镶嵌式汽封，由于镶嵌式的汽封齿很薄，又没有退让能力，与汽封块相比很不耐磨，经碰磨后较容易磨出间隙，且由于其散热能力比汽封块强很多，与转子发生碰磨时，减弱了转子表面热量的聚居，消弱了转子热弯的趋向。即便使用汽封块，由于近年来高、中压缸广泛使用布莱登汽封，亦有效地减少了碰磨。

反观低压缸，镶嵌式汽封很少，几乎全部使用汽封块。汽封块的支撑弹簧也比高、中压缸软得多，退让能力强，故表现得更为耐磨。低压缸汽封改造时，选用蜂窝汽封的电厂占多数，蜂窝汽封表面面积比梳齿汽封大的多，因此也耐磨得多。

2. 凝汽器真空影响

与高、中压缸不同，低压缸直接与凝汽器连接，因此凝汽器真空对低压缸通流部分汽封间隙，尤其是轴封间隙影响显著，采用座缸式轴承座的低压缸尤其突出。并网前如情况允许，应尽量提高凝汽器真空，观察真空对低压转子振动的影响。当低压转子轴封间隙调整得很小时，随着并网后负荷增加真空逐渐提高，低压转子轴封的顶部间隙减小甚至消失，碰磨随之加剧振动增大的现象普遍存在着。出现这种情况可以临时适当的降低真空，逐步磨大汽封间隙，使振动趋于正常。为使真空能够平稳的下降，拆除一块凝汽器压力表，直通大气，调节压力表进汽阀开度控制真空，是现场可以采用的较稳妥的办法。

有个别汽轮低压转子碰磨严重时，可能导致在很长一段时间里一直不能在高真空条件下运行，只得被迫降真空运行。

3. 不平衡与碰磨

现场实践表明，大修后低压转子平衡质量不良需要校平衡的概率，比高中压转子高得多。如果转子原始不平衡较大，无论是一阶平衡质量，还是工作转速平衡质量不良，导致振动增大都是加重碰磨的重要因素。若同时存在不平衡与动静碰磨，首先通过轴系平衡，改善平衡状态，降低原始振动水平，对消除碰磨及降低发生碰磨后的振动水平都是很有益的。但由于此时存在转子热弯的影响，给轴系平衡工作带来很多困难，需要缜密处理。

第四节 充分利用振动在线监测系统

对振动的认识与分析是汽轮机检修工程技术人员的必修课。当前大部分电厂汽轮机配置了在线振动监测系统，系统所提供的信息可以帮助我们对各种异常振动及时进行判断、分析，但很多电厂都没能做到熟悉它与充分利用它。

旋转机械转子的实际运动状态是转轴绕着自身轴线自转的同时做旋转状的涡动，并不是往复状的机械振动。由于这种涡动在径向上所测得的振幅、频率、相位在数值上与机械振动相同，因此可以沿用机械振动的许多成熟的理论、方法。将转子涡动投影到一个正交的坐标系，并不影响研究的正确性。但是需要清楚地了解这个事实，有助于对旋转机械振动的理解。为了完整描述一个振动信号，必须同时知道幅值、频率和相位这三个参数，称为振动分析的三要素。虽然汽轮机 TSI 系统中也能显示振动曲线，但 TSI 仅提供了振幅与转速或时间的关系，因此它不能全面、准确地反映振动的状态。振动在线监测系统以多种形式展示了振动三要素的瞬时信息及变化趋势，是一个非常有实用价值的系统。

按照该系统的设置，它所提供的振动图谱分为常规图谱与启停图谱两大类。常规图谱有波形图、频谱图、振动趋势图、过程振动趋势图、轴心轨迹图、轴心位置图、极坐标图、工艺量频谱瀑布图。启停图谱有 Nyquist（奈奎斯特图）、Bode（波特图）、频谱瀑布图、级联图。在此，对上述图谱逐一做简单介绍。

1. 波形图

汽轮机的振动大多都不是单一频率的简谐振动，而是由一些不同频率和不同振幅的简谐振动分量组成的周期振动，因此它的波形也是多个简谐振动的合成。在振动在线监测系统的所有图谱中只有波形图直接反映了振动的形态。由波形可以非常直观地看出振动有无高次谐波、振幅如何、振幅是否稳定等。图 5-4 列出了几种典型的波形。

图 5-4（a）为典型的正弦波，即工频振动波形。波形中每周期上的点为键向信号点。

图 5-4（b）波形显示正弦波被一个二倍频的分量调制，即波形中含有二倍频分量。

图 5-4（c）波形显示正弦波被一个 $1/2$ 工频分量调制，即波形中含有低频成分。

图 5-4（d）波形显示正弦波中既含有高频成分同时也含有低频成分。

虽然波形图不能量化各个分量，只能定性的得知振动的频率成分，但振动波形图具有其他图谱不能替代的重要作用。有一些特征，如毛刺、削波、拍振等在其他谱图上表现得并不明显，但在波形上却表现得非常直观。以毛刺波形为例，毛刺波形所对应的频谱上有少量倍频和高频分量，由于毛刺仅在个别点上有，能量很小，所以频谱中倍频和高频分量很小，很难从频谱特征中判断出是否有毛刺，但是从波形上，可以很清晰看出毛刺特征。现场产生毛刺的原因大多是转子振动测量部位拉毛引起的，当拉毛部位转到振动传感器探头时，就会产生一个脉冲信号形成毛刺。图 5-5 显示的振动达到 $200\mu m$，但从波形图中却能观察到其中有 $100\mu m$ 是毛刺造成的假信号。

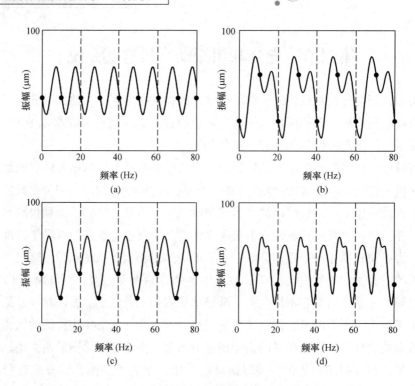

图 5-4　几种典型波形

（a）典型的正弦波；（b）波形中含二倍频分量；
（c）波形中含低频成分；（d）波形中含高、低频成分

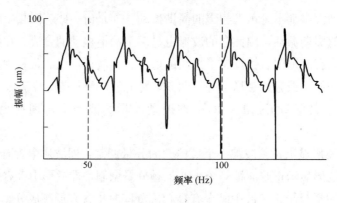

图 5-5　毛刺波形

2. 频谱图

与波形图相比，频谱图可以提供组成振动的各种谐波频率以及每种谐波振幅的大小，见图 5-6。

每一种振动故障在频率以及频率与转速的关系上都有其特点，称为振动的频率特征。例如由于转子质量不平衡或热弯引起的振动频率为工频，电磁激振、转子径向刚度不对称引起的振动频率为倍频等。在故障分析与预测中，正是利用这些频率特征判断故障的可能性原因，因此频谱图对振动分析具有非常重要的作用。

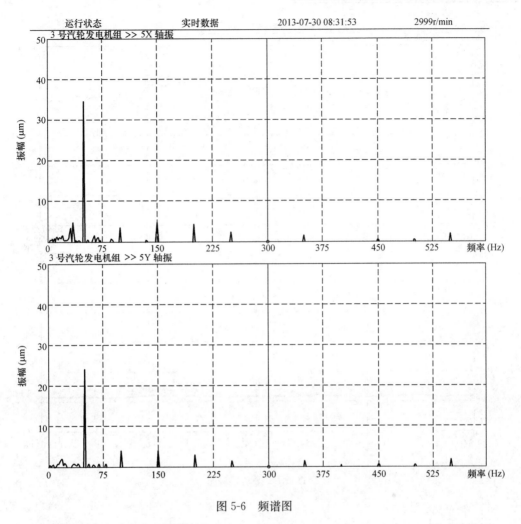

图 5-6　频谱图

3. 振动趋势图、过程振动趋势图

有时振动会存在周期性的变化，振动趋势图可以清楚地反映振动随时间变化的规律。振动趋势图与 TSI 提供的振动曲线很相似，如图 5-7 所示。

但振动在线监测系统不但提供了通频幅值，还可以选择显示倍频及有效值与相位。这是 TSI 无法比拟的。例如，产生碰磨时，有很多时候，首先分发生变化的不是位移而是相位。一旦相位变化达到一定幅度时振动将急速上升，以致难以控制。通过趋势图不但可以看到振动的爬升斜率，同时也可以观察到振动相位的变化，对我们及时采取措施提供了很大帮助。

可以在图谱上显示机组运行的相关参数的趋势图，称为过程振动趋势图，如图 5-8 所示。

图 5-8 上半部分为振动趋势，下半部分为轴向位移与振动的对应情况，极大地方便了解其间的对应关系。使用者可以根据需要选取多种相关的参数，如有功负荷、无功、真空、差涨、润滑油温度等观察这些参数与振动的对应关系。

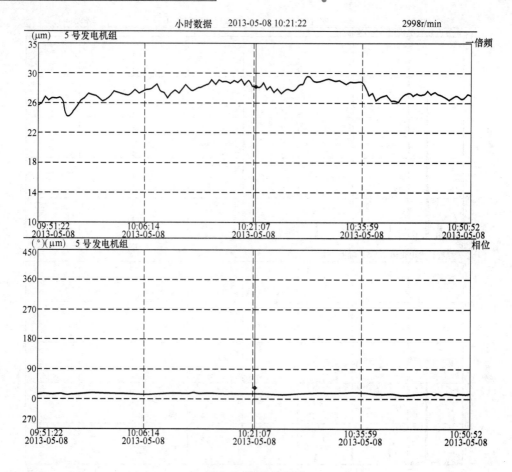

图 5-7 振动趋势图

4. 轴心轨迹图

两个互相垂直的振动传感器，同一时刻输出的信号，可以确定转子在轴承中的位置。不同时刻转子在轴承中位置的变化形成了一条封闭曲线，即李莎育图，就是振动分析时常用的轴心轨迹图。当四周各方向支撑刚度相等轴颈运动为同步正运动时，轴心轨迹为圆形。由于油膜支撑刚度各向不等，不平衡相应的轴心轨迹将成为一个椭圆形。上述轴心轨迹是在机组的振动仅存在工频情况的情形。实际运行中机组的振动除了工频振动外，通常还会包含多个倍频分量，同时由于油膜刚度各向不等，因此轴心轨迹往往具有各种形态不同的形状。图 5-9 为振动在线监测系统显示的轴心轨迹实例。

系统不但可提供原始轨迹，而且还可以提供倍频轨迹，以及显示提纯轨迹、平均轨迹。同时还能在 32、16、8、4、2 周期的范围内设定轨迹长度，图 5-10 提纯的轴心轨迹。

从理论上讲，不同的振动故障将呈现相应的轴心轨迹特征。实际上，轴心轨迹的表现情况要复杂得多。由于汽轮机转子的质量都很大响应含混，以及存在大量的干扰，这些轨迹不一定会出现规则的对应特征。举碰磨振动为例，发生较严重碰磨是转子的轴心轨迹一定会发生畸变，如图 5-10 所示轴心轨迹的边缘叠加许多皱褶，但场实际情况表明许多时候即使在正常情况下，轴心轨迹也会发生畸变。可以这样认为，轴心轨迹发生畸变，并不

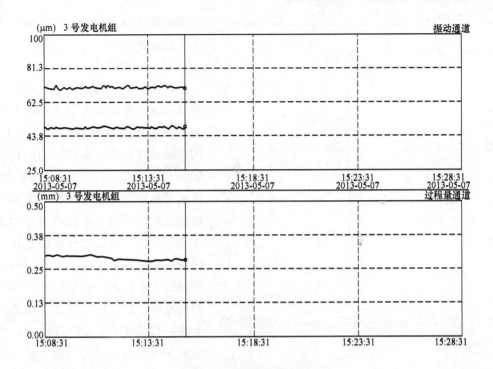

图 5-8　过程振动趋势图

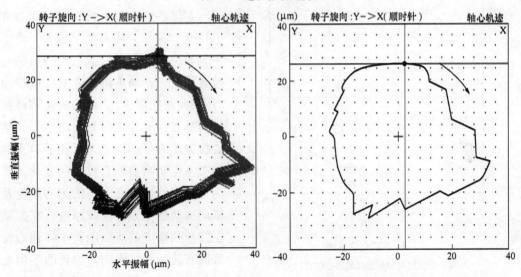

图 5-9　振动在线监测系统显示的轴心轨迹实例　　　图 5-10　提纯的轴心轨迹图

一定意味着发生碰磨；但在发生振动碰磨时，则是一定会发生畸变。很多有关振动的著作夸大了轴心轨迹与振动的对应特征，是不科学的。因此，不能机械、死板的看待轴心轨迹图。

　　将轴心轨迹运动方向与转子旋转方向相比，可以判断转子是处于正进动还是反进动状态，如图 5-10 红色线及箭头所示。如果进动方向与旋转方向相同，转子处于正进动状态，反之，转子处于反进动状态。绝大多数情况下，转子都是处于正进动状态，但是，当动静

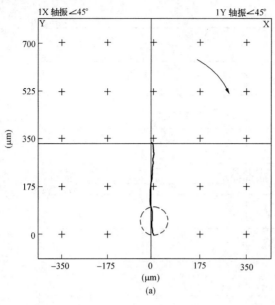

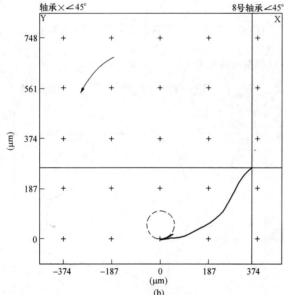

图 5-11　轴心位置图

（a）机组启动时可倾瓦的轴心位置；

（b）隋圆瓦的轴心位置

摩擦故障比较严重时，转子有可能处于反进动状态。

5. 轴心位置图

静止状态下轴颈位于轴承最底部中间位置，随着转速的升高，在油膜力的作用下，轴颈沿垂直方向上抬，同时顺着转动方向偏移。不同转速下轴颈在轴承内的位置是不同的。涡流传感器输出的间隙电压反映了探头与转轴之间的距离，根据传感器间隙电压变化情况，可以比较准确地计算出转子在轴承内的位置。将不同转速下的轴颈中心位置点连接起来，即可绘制出轴中心位置随转速变化曲线，称为轴心位置曲线，图 5-11（a）是机组启动时可倾瓦的轴心位置图，图 5-11（b）为椭圆瓦轴心位置图。

在轴心位置图中系统的默认参考电压是"第一点电压"，在这个状态下轴心位置图显示的信息为当前轴心位置的变化。如果将参考电压选择为"停机检修间隙电压"，即检修调整振动传感器探头位置时整定的电压，轴心位置图所显示信息为以转子静止状态参考点至当前轴心位置的变化，既为运行中轴颈垂直方向抬起的高度及横向移动量，亦为油膜厚度。在振动在线监测系统的所以图谱中，轴心位置图有其独到的作用，位置图不但能对机组的振动分析提供帮助，还能为我们了解轴承的工作情况，提供许多很有价值的信息。例如，在运行中通过它结合轴承温度、油膜压力可以帮助判断轴承承载情况。由润滑理论可知，轴颈中心位置直接影响轴承工作状况，承载轻的轴承稳定性较差，承载重的轴承稳定性较好。但轴承承载过重，将会导致转轴与乌金之间的油膜厚度过薄，容易造成轴承损坏，以此可以判断轴承工作状况（瓦温高与承载并不能画等号）。

可倾瓦启动过程中的轴心轨迹，基本上应近似为一条垂直向上的直线，如果有较大偏斜，则提示瓦块的同心度可能有较大偏差，或两侧瓦块受力不均。

机组停运后，在停运盘车及顶轴油泵的条件下，查看此时轴心位置图显示的数据，是否恢复到检修调整振动传感器探头位置时整定的间隙电压。用这种方式可以在不解体设备的情况下，了解轴瓦是否发生了明显磨损（将振动传感器探头作为"桥规"使用）。

6. 波特图

波特图是在直角坐标系内绘制的振动矢量随转速变化的函数曲线。波特图曲线包括两组坐标系，一组是振幅与转速，另一组是相位与转速。任何一种谐波成分都可以显示在波特图上，波特图的主要作用有：

（1）确定转子临界转速值及其范围，判定系统临界转速。众所周知，振动出现峰值和相位明显变化是判断临界转速的重要依据。波特图同时提供了振动的幅值、相位及对应转速，因此可以很方便的解读。

（2）了解机组升速及降速过程中，除转子的临界转速外是否还有其他部件出现共振。

（3）通过对比机组启停时的波特图，可以确定运行中转子是否发生热弯曲。发生碰磨或其他原因造成转子热弯引起的振动，打闸停机后由于转子热弯尚未完全恢复，平衡状态势必比启动前差，因此与启动时相比振动将增大，这也是判断碰磨的依据之一。此外启动时是提高升速率过临界的，这在降速时是无法做到的，而且此时的降速率，通常比正常的升速率还要低，所以转子弯曲的反映将更加明显，如图 5-12 所示。

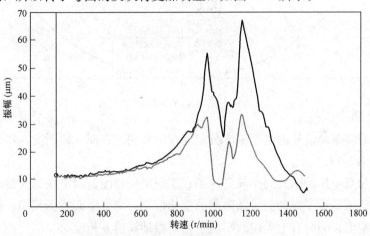

图 5-12　波特图

7. 奈奎斯特图

波德图以极坐标形式表达出来，就可以得到如图 5-13 所示的奈奎斯特图。

实际上它是幅频图与相频图的综合图。极坐标图突出了振幅与相位的变化关系，作用与波特图类似。与波特图相比奈奎斯特图在转轴存在偏心时，奈奎斯特图的曲线不发生变化，仅移动了极点的位置，是其优点。图中曲线各点到圆心的距离代表振动幅值，圆周角度代表相位，曲线上标注的数字为转速。奈奎斯特图实际上反映了振动矢量随转速的变化情况，图中幅值最大点对应着振动峰值。奈奎斯特图亦可以帮助我们判断轴系中心不平衡质量所处的轴向位置及不平衡形式，以及不平衡在径向平面上的位置。

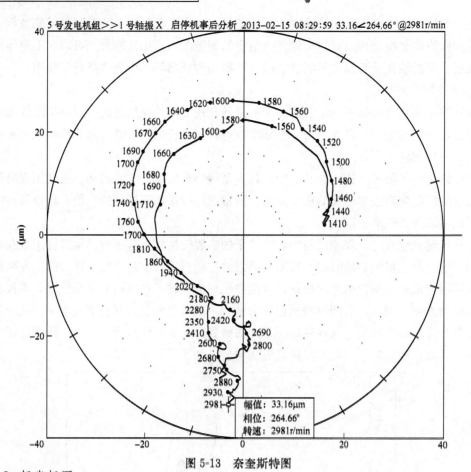

图 5-13 奈奎斯特图

8. 极坐标图

极坐标图是将振动信号的单个频率分量的幅值和相位在同一幅图上，用极坐标的形式绘出来的，见图 5-14。

极坐标图与奈奎斯特图大同小异，区别在于奈奎斯特图显示了振动矢量随转速的变化情况，而极坐标图显示了振动矢量随时间的变化情况。与奈奎斯特图相同，标点至圆心的距离代表振动幅值，同时右上角用数字表示当前振动幅值及相位。

运行中许多原因会引起振幅与相位发生变化。虽然极坐标图不能直接反映出变化的原因，但可以借助极坐标图显示的变化趋势与规律寻找变化的原因。

9. 三维图谱

以上讲述的振动图谱为两维图谱，两维图谱只能反映一定转速下振动信号中所含的不同频率的振动分量。实际上汽轮机在不同转速下或同一转速下不同的时间，频率有时是不同的。如果将不同的时间或不同的转速下测得的频谱绘制在一张图上，即构成了三维图谱。因为三维图谱能同时显示不同频率的振动分量，历史状态与当前状态，因此具有直观、及时的特点（在两维图谱中除频谱图外，其他图谱均不能同时、直观地显示振动信号中所含的不同频率的振动分量，但频谱图在即时状态下也仅能显示当前的信息）。

（1）瀑布图。三维图谱如以时间作为第三维，即称为瀑布图，如图 5-15 所示。

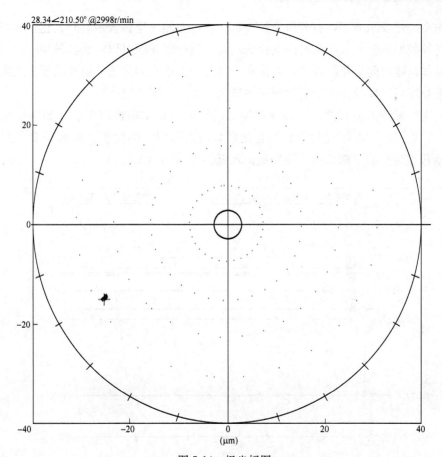

图 5-14　极坐标图

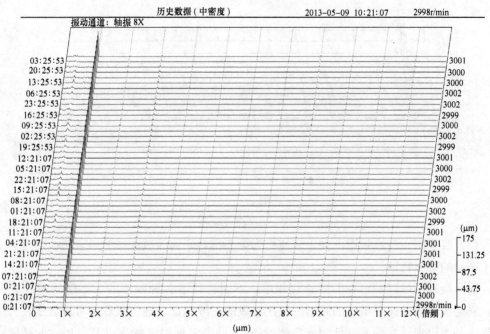

图 5-15　瀑布图

　　图中横坐标表示频率，右侧纵坐标表示转速，左侧纵坐标表示时间。它显示在某一段时间内各种频率成分的大小随时间变化的趋势，通过瀑布图可以看到各种频率的组成，以及振幅是如何随时间变化的规律，它是在一段时间内连续测得的一组频谱顺序组成的三维谱图。瀑布图可以反映在一定时间周期内异常振动的扩展情况。

　　（2）工艺量频谱瀑布图。可以显示振动的幅值、频率随机组工况，如有功负荷、无功、真空、差涨、缸涨等有关参数的变化趋势的瀑布图，称为工艺量频谱瀑布图。如图5-16所示很直观反映了随负荷变化轴振出现低频振动的情况。

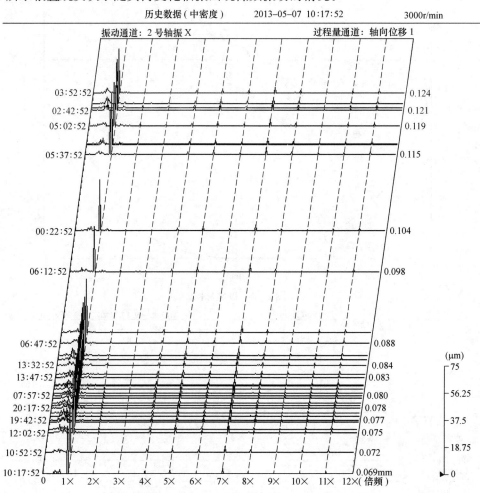

图 5-16　工艺量频谱瀑布图

　　（3）级联图。三维频谱图如以转速作为第三维，则称为级联图。级联图非常直观的反映了振动的频率特征。

　　通过级联图可以看出在升降速过程中，不同转速下各种频率的大小随转速变化的趋势，它是在不同转速下得到的频谱图依次组成的三维图谱。通过级联图可以看出在升降速过程中是否出现异常频率（低频或高频成分），是否出现固定频率以及出现时的转速、振幅大小及变化情况。在分析振幅与转速有关的故障时可提供很大帮助。在图5-17非常清楚的表明了工频、2 倍频的等分量"山脉"随转速升高时分布的情景。发生油膜半速涡动时图中将显示出 1/2 倍频"山脉"的明显特征，为迅速识别提供方便。

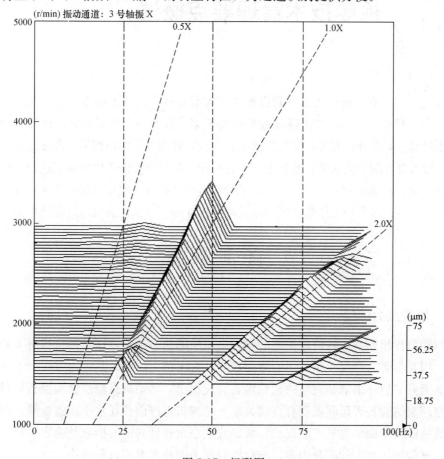

图 5-17 级联图

第六章
检修技术管理要点概述

有些机组大修尽管也投入了大量经费，进行了许多改造、改进工作，但机组投运后，节能降耗效果提高不多，甚至完全没有效果，这种情况并不罕见。这不单与方案合理性有关，还与检修工艺及检修管理工作密切相关。即便是很优秀的改造方案，没有良好的工艺保障，效果也会大打折扣。只有在检修工作中认真进行全面质量检验和质量控制，依靠有成效的管理，才能保障机组修后质量，取得预期的效果。在此，结合汽轮机检修，对检修管理工作管理要点以及当前存在的具有共性的问题进行简单提示。

第一节 修 前 准 备 工 作

一、修前热力试验

对汽轮机检修而言，修前最主要的试验是机组的热力试验，这是每台机组大修前必做的试验。但是很多电厂仅关注机组的修前热耗，对于热力试验的其他内容完全不关心。很多电厂甚至开工后还未拿到完整的试验报告。应指出，当前机组修前试验报告质量参差不齐，与电厂对试验是否足够重视有直接关系。了解机组修前热耗水平固然重要，但更重要的是，通过试验全面掌握机组的现状，帮助我们制定有针对性的措施及确定项目。下面就修前热力试验报告之中的部分内容，结合检修相关的技术要求进行讨论。

1. 缸效

修前热力试验的重要内容之一是考察各缸效率。机组的热耗告诉我们机组当前整体热力性能水平；经过一个大修周期的运行，机组热力性能下降是必然的。就通流部分而言，热耗并不能反映出差距出自哪一个部分。通过各缸的效率，使我们在修前可以预知各缸的状态。因此，对检修工作重点的把控与项目的制定以及检修效果的预判，有更直接的指导作用。由于高中低压各缸的工作条件不同，因此性能亦各有不同。

（1）各缸热力特点。

1）高压缸。高压缸蒸汽的比容较小，而漏汽间隙又不可能按比例减小，故漏汽损失相对较大。蒸汽的比容较小，叶轮的摩擦损失也相对较大。高压缸有部分进汽的级，因此存在部分进汽损失。此外由于高压缸叶片高度较低，所以叶高损失亦较大，综上所述高压缸的效率相对较低。

2）低压缸。低压缸由于蒸汽的比容比较大，而通流面积受到一定限制所以余速损失较大，低压缸有数级处于湿蒸汽区，存在湿气损失，且后几级湿汽损失逐级增加。低压缸蒸汽的比容比较大，所以叶轮摩擦损失相对较小，低压缸全周进汽，没有部分进汽损失。

总之由于低压缸湿汽损失很大，使效率降低，特别是最后几级效率降低很多。

3）中压缸。中压缸处在高压缸与低压缸之间，蒸汽的比容即不像高压缸那样很小，也不像低压缸那样很大。因此，中压缸的叶片有足够的高度，叶高损失较小；叶轮摩擦损失也较小，又没有湿汽损失，所以中压缸各级的级内损失较小，效率比高压缸与低压缸都高。

（2）低压缸效率试验的特殊性。缸效的定义为蒸汽在汽轮机中的实际热降与理想热降之比。因此只需测出汽缸进、出口点的蒸汽状态参数，即可计算出汽缸效率。根据美国ASME PTC6标准规定，蒸汽过热度＜15℃时，不能通过测量温度和压力值确定蒸汽焓值。由于低压缸排汽处于湿蒸汽区，其压力和温度不是互相独立的状态参数，要确定蒸汽焓，除了压力，还需要知道该点的湿度。到目前为止，在工业应用中，尚无可靠的蒸汽湿度测量方法，故低压缸的排汽焓，通常是通过汽轮机的质能平衡计算获得。所以需要测量非常全面的热力性能参数，计算所涉及的测量值的误差将全部叠加到低压缸排汽焓上。所以低压缸缸效的计算既复杂，准确性又相对较低。因此大部分机组大修前只测量高、中压效率不测量低压缸效率。

（3）缸效对热耗影响分析。根据修前热力试验提供的各缸效率，可以对检修后能达到的效果做一个近似的评估。

根据小偏差理论可以知道各缸效率变化对热耗的影响。某电厂实测高压缸效率为84.759%。比设计值（85.722%）低0.963%（绝对值）。按试验报告提供的高压缸效率变化1%，汽轮机热耗率变化按14.4 kJ/kWh计算，热耗率升高了13.87 kJ/kWh。同类机组，大修后高压缸效率最好水平曾达到86%，若本台机组修后也能达到86%则热耗，可降低17.87kJ/kWh。

实测中压缸效率为91.105%。比设计值94.689%低了3.584%（绝对值）；按中压缸效率变化1%，汽轮机热耗率变化按13.4kJ/kWh计算，热耗率升高了48.03kJ/kWh。但本类型机投产后都没有达到过设计值，最好水平为92.887%，因此本台机组修后达到设计值的可能性较小，按照92.887%计算热耗可降低24kJ/kWh。

低压缸效率计算值为82.679%。比设计值（87.041%）低4.362个百分点，按低压缸效率变化1%影响热耗率39.8kJ/kWh计算，使机组热耗率升高173.61kJ/kWh。低压缸考核试验曾达86.92%，照此计算，热耗可降低168.79kJ/kWh。从种种现象判断，低压缸考核试验结果可靠性较差。而同类机组电厂最好水平为85.2%，如照此数据计算热耗可降低100.34kJ/kWh。

综上所述，预计修后热耗可降低约142.2kJ/kWh。修后实测高压缸效率为86.457%，比修前提高1.083个百分点，使机组热耗率下降了15.6kJ/kWh。

中压缸实测效率为91.949%比修前提高0.87个百分点，使机组热耗率降低11.66kJ/kWh。

低压缸计算效率为85.032%，比修前提高2.353个百分点，使机组热耗率降低93.65kJ/kWh，三缸累计共下降了120.895kJ/kWh，与预测结果接近。

大部分机组由于低压缸效率试验的特殊性，修前仅做高、中压缸效，不做低压缸效。

对大多数机型来讲，低压缸的影响又非常突出，在这种情况下可以采用折中的办法进行分析；扣除高、中压缸对热耗的影响，剩余部分可以视为低压缸与系统效率的共同影响，这样处理虽然对比偏差较大，但仍可以对分析问题提供帮助。

（4）调节级效率。调节级效率的检测非常方便，但不知为什么大部分机组修前试验都不提供此项内容。调节级的焓降占总焓降的比例较大，尤其在部分负荷时影响更大，因此调节级的效率对机组的经济运行至关重要。如果试验表明调节级的效率下降严重，而解体后又未见其明显异常，在这种情况下需认真分析原因，至少应复测调节级喷嘴与动叶的同心度。若测量工作不能与汽缸变形量检查同时进行，即便需要单独处理，亦应予检查。

通常调节级的叶顶阻汽片是镶嵌在喷嘴室的环形板上的，当阻汽片间隙超标时，需要在机床上加工处理。有些机组喷嘴室固定在内缸上很难取下，只得连同内缸一同外送加工，为运输方便上下缸是分开运送的。加工时需要在加工现场组装，上下缸合拢后中分面间隙是否消除，影响阻汽片加工尺寸的准确性。而加工厂的施工人员通常不会注意到这些问题，尤其是需要热紧螺栓才能消除平面间隙时，问题将更突出。因此在外送加工前一定要与加工承包单位，做好有关方面的沟通和现场监督工作。

2. 轴加温升

轴加温升超过设计值的问题极为普遍，是电厂的通病，是绝大多数热力试验都会提及的问题。

高、中压缸的后轴封漏汽量没有流量测量装置，轴封漏汽是根据轴封加热器的吸热量进行计算的。门杆漏汽是根据主汽流量按设计比例计算得到的。轴封与门杆漏汽对热耗的影响是采用"等效热降"方法分析计算得出的。结果表明，来自高、中、低压缸端部的轴封漏汽量大，是造成轴加温升超过设计值的主要原因。

当前，很多电厂在低压轴封处使用接触式汽封。但大部分电厂采用接触式汽封的目的，并非完全出于降低轴加温升，主要是为了解决低压轴封漏空气问题；借以提高真空严密，因此只对低压轴封进行改进。几乎所有电厂改进后都遇到轴封汽母管溢流问题，典型的轴封系统见图6-1。

汽轮机启动及低负荷运行时，汽缸中的压力都低于大气压力。轴封汽进入X腔后一部分流入缸内，一部分流入Y腔与流入Y腔的空气一起被抽吸到轴加，如图6-1（a）所示。随着机组负荷增加，当高、中压缸两端的排汽压力高于X腔的轴封供汽压力时，汽流反向流动，自缸内流向X腔。跟随负荷上升，排汽压力逐步升高，流入X腔的蒸汽流量逐渐增加。大约在15%负荷时，高压缸排汽压力已经达到轴封汽压力进入自密封状态。约在25%负荷时中压缸排汽压力达到轴封汽压力，也进入自密封状态。这时，高、中压缸自缸内漏入X腔的蒸汽，经轴封汽母管流入低压缸轴封的X腔，如图6-1（b）所示。如果流入的蒸汽量超过低压缸轴封所需的密封蒸汽量，将使轴封汽母管压力升高，供汽阀关闭，轴封汽溢流阀打开，过量的蒸汽排入凝汽器。低压轴封使用接触式汽封后，由于密封性能的提高，所需密封蒸汽流量下降（密封良好的接触式汽封，可将轴封供汽压力降至约15kPa，这是其他类型汽封很难达到的），而高、中压缸轴封漏汽量并未改变，必将导致轴封汽溢流阀打开。

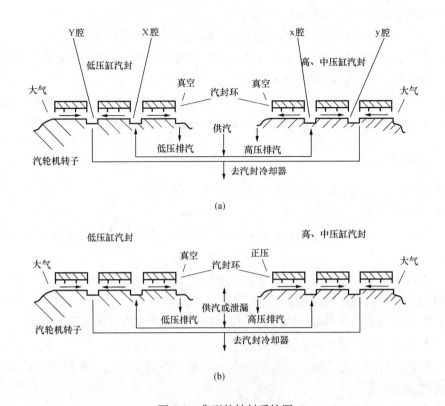

图 6-1　典型的轴封系统图

（a）启动阶段；（b）自密封阶段

综上所述，解决轴加温升高的问题，只降低低压缸轴封的泄汽量，是难以收到成效的，一定要全面减少所有轴封的漏汽。一些电厂在高、中压缸轴封使用过布莱登汽封（只能用在压差较大的前几级）、刷式汽封、铁素体浮动齿汽封、侧齿汽封等新型汽封，均无法达到接近接触式汽封的密封效果。当前，低压轴封使用接触式汽封已经较为广泛。目前，厂家提供的接触汽封密封环材质为石墨、铜及黏合剂，其中黏合剂耐高温性能差，只能在 200℃以下使用，尚不能满足高、中压缸轴封的使用要求。对比效果表明刷式汽封、铁素体浮动齿汽封密封作用相对较好。

二、修前运行分析

大修前由运行部编写运行分析，原为许多电厂多年来形成的固定做法，但当今大部分电厂不知什么原因已经不再这样做了。从实际效果看来，机组修前运行分析，既有必要性又有实用性。有时由于对机组修前情况没有深入的掌握，造成大修解体后该发现的问题没有发现，该解决的问题没有解决，修前存在的问题修后依然如故。因此绝对不应忽视修前运行分析，一个合格的运行分析至少包括以下内容：

（1）上次大（小）修投运后，到本次分析为止的运行小时数和启、停次数、负荷及出力情况。

（2）上次大（小）修投运以来，设备的主要运行技术经济指标情况、主要参数及其他

变化。与先进机组比较，找出差异，提出问题。

（3）上次大（小）修时进行的改进工作，取得的效果和存在的问题。

（4）上次大（小）修投运以来，设备上发生的各种异常（包括异常运行）情况。

（5）设备损坏或估计损坏的情况。

（6）目前设备上存在的主要问题（缺陷、差异），以及改进或解决问题的建议。

（7）运行分析的时间：一般应从上次大（小）修投运开始到目前。

三、设备调查

大修前由汽机检修专职工程师负责组织设备调查。

1. 设备调查内容

（1）上次大（小）修投运以来，设备的主要工况，历次非计划检修的原因、内容和处理效果。

（2）上次大（小）修投运以来，设备上发生的事故、异常和缺陷情况、原因分析，以及已采取的措施和尚存在的问题。

（3）上次大（小）修时进行的改进工作，取得的效果和存在的问题。

（4）上次大（小）修和历次检修总结中，对本次大修的意见。

（5）目前设备的运行工况，主要指标分析以及设备上存在的主要问题（缺陷、差异）及其改进或解决方案。

（6）为了全面深入地了解设备状况，应查看设备检修、维护、消缺资料（台账），现场检查设备及其缺陷情况，普查时应对三方面的资料进行充分的讨论、分析、提出意见，作为编制大修计划的依据之一。

2. 设备调查的几个重点

对于不同的设备不同的运行情况，调查的侧重点自然有所不同，但有一些带有共性的，较突出的问题需要引起普遍的关注。

（1）汽缸膨胀情况。高、中缸无论是机组启停还是正常运行，汽缸膨胀过程都应是平稳的，缸胀曲线应是平滑的，不应出现"台阶"，亦不应出现汽缸两侧膨胀量不一致，或两侧瞬间胀缩不一致的现象。如有上述现象建议大修停止盘车后，趁汽缸未完全冷却前，分别测量轴承座底部两侧凸肩与台板及角销的间隙。如果轴承座底部凸肩与角销之间没有间隙，应松开角销固定螺栓，再复测凸肩与台板的间隙。此状态下间隙会进一步增大。

如果前轴承箱与汽缸是通过 H 形中心推拉梁连接的，应按第四章有关要求处理。

如果是依靠下猫爪的横销与汽缸连接的结构，应检查轴承座底部与台板之间的摩擦组件是否正常，并结合汽缸洼窝中心调整时检查汽缸猫爪负荷分配。

目前，几乎所有的汽轮机汽缸膨胀量，均依靠由热控安装的传感器获取，没有机械测量装置。大修时，将缸内部件全部吊出仅剩空缸后，由前轴承箱的负载大大减轻，台板与轴承箱底面之间摩擦力减弱，汽缸将进一步收缩。此时热控装置已经停役，不能继续监视汽缸的收缩情况。大修时经常会发现，测量动静轴向间隙时，修前与修后转子外伸轴向监视尺寸有明显的差异，即由此引起的。因此建议在前轴承箱与台板之间安装机械测量装置，以便任何状态下都可以掌握汽缸胀、缩的变化。

（2）上下缸温差。汽缸的上、下缸存在温差，将引起汽缸变形。上、下缸温度通常是上缸温度高于下缸温度，上缸的膨胀量大于下缸的膨胀量，引起汽缸向上呈猫背状拱起。汽缸的这种变形将使下汽缸底部汽封间隙减小甚至消失，造成碰磨。现场曾发生过，由于上、下缸温差大，汽缸"猫背"造成下部隔板汽封及覆环阻汽片严重磨损；转子汽封处轴颈及覆环外圆磨出很深的沟槽，转子被迫返厂处理。引起上、下缸温差大的主要原因有：

1）上、下缸质量与散热面积不同。下汽缸布置有很多抽汽管道，不仅质量重，散热面积也较大，在同样的加热冷却条件下，下缸加热慢散热快，因此上缸温度高于下缸。

2）在汽缸周围的空间，运转平台以上的空气温度高于运转平台以下的温度，气流自下而上流动，因此上、下汽缸的冷却条件不同使上缸温度高于下缸。

3）汽轮机启动过程中汽缸疏水不畅；停机后抽汽管内低温蒸汽倒流都会造成下汽缸温度降低。

4）高压缸进汽承插管漏汽严重时，也会造成上下缸温差异常。进汽承插管是对称布置的，如果上缸进汽承插管严重漏汽将使上缸温度上升，反之下缸温度上升。这种情况比较少见，但现场确实有发生。

5）下汽缸保温不良，保温层与下缸剥离，使保温层与汽缸之间产生空隙，造成下汽缸保温效果恶化，使下汽缸温度低于上汽缸。

上下汽缸温差偏大，检修时应首先检查下汽缸保温，这是造成上下汽缸温差大最常见的原因。汽轮机设计时考虑了上述有关情况，因此上、下汽缸的保温层并非等厚，而是下汽缸保温层厚度大于上汽缸。但下汽缸保温层较容易在重力作用下下坠，不再与汽缸贴紧。下汽缸的保温层是依靠焊接在汽缸上的螺钉拉紧的，安装工艺不良容易造成保温层剥离。

大修时因为要拆卸汽缸螺栓，上汽缸保温层几乎全部拆去，因此实际上，上汽缸保温层每次大修都被翻新。而下汽缸保温层很大部分是永久保温，客观上容易被疏漏。下汽缸保温层一旦发现脱落，只有全部拆除，重新保温，任何修补措施都是不可靠的。

机组大修时由于工期紧张，几乎所有电厂都是在检修结束后，整组启动前留下很短的时间，完成汽缸保温。当前，所有电厂的保温工作几乎都是由外委施工单位进行的。保温过程中疏于检查，保温结束后疏于验收的现象极为普遍，鉴于此，特将保温的一些基本要求作为附件供参考。

（3）油膜压力。凡是有顶轴油的轴承都可以在运行时，通过顶轴油压力表的指示反映出油膜压力。习惯上，我们更加关注轴承的乌金温度，乌金温度与油膜压力是两个互相关联，从不同的角度反映了轴承的工作情况的参数。影响乌金温度的因素十分复杂，如轴承与乌金的接触情况，润滑条件等。而油膜压力则比较集中地反映了轴承的负载情况，轴承载荷的变化在任何情况下都将对油膜压力产生影响。运行中随着工况不同，轴承的载荷将产生变化，轴承负载提高，瓦温也将提高，但瓦温上升时，轴承负载不一定也上升。如果检修解体后发现轴承异常，进行分析时既要参考瓦温，也需参考轴承油膜压力变化，有益于寻找真实的原因。大部分机组油膜压力不进入 DCS，因此修前需要注意对有关数据的搜集与积累。

（4）差胀。汽轮机启动加热或停机冷却，以及变工况运行时，汽缸、转子势必将收缩、膨胀。由于转子的体积相对较小，故热容量比低于汽缸，而运行中蒸汽对转子的放热系数又大于汽缸，因此在相同情况下，转子的温度变化比汽缸快。当然，汽缸的滑销系统及通流部分的设计应适应这种情况。但有不少机组存在着某种工况下或启动、停机时差涨容易超限的情况。第四章中讲到的，两个低压缸用推拉装置相连的结构这类问题尤为突出，每次停机都容易出现低压差胀超限的现象。有时夏季高背压条件下运行时也会出现负差胀超限。因此大修前应详细统计差胀超限的次数，超限程度。大修设备解体后，认真检查转子各部位与静止部件之间的轴向间隙，一般情况下，大修时不调整转子的轴向位置及通流部分的轴向间隙，但对于运行中经常出现差胀超限的机组，需根据具体情况再做处理决定。

（5）真空严密性。凝汽器真空对于机组经济运行影响极大，各个电厂都非常重视。经过大修，进一步提高真空严密性是所有电厂的共同愿望。由于汽轮机真空系统十分庞大、复杂，真空系统设备的外部环境又有很大差别，有些地方运行时检查反而更容易发现问题。例如，主机低压缸、给水泵汽轮机向空排汽门漏气，轴封吸气等，例如，图 6-2 结构形式的主机低压缸向空排汽门，运行中由于纸板垫回弹能力不足，很容易漏气。即使漏气解体后设备上亦不会留下任何痕迹，因此容易漏处理。但如有泄漏运行中则很容易查出。

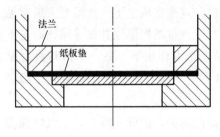

图 6-2　低压缸向空排汽门示意图

四、资料准备

1. 上次大修记录准备

从某种意义上讲，上次检修的成功之处是本次检修的老师，而上次检修不足之处是本次检修的反面教材。因此修前需要整理出上次检修的全部材料，认真查阅。同时还应为检修施工单位提供副本以便随时查阅，对于其中的关键内容应做专项介绍及交流。

2. 检修记录卡

大修解体后有些测量数据，不与上次检修比较是没有实际意义的，单纯检查这些数据，并不能帮助我们对设备的情况作出判断。例如，汽缸水平、转子杨度等。所有电厂都有检修记录卡，但检修记录卡上显示上次检修记录数据的却不多，这种情况需要扭转。检修工期短，检修任务重，电厂专业人员紧缺，是普遍存在的现象。为提高工作效率，事到临头再去翻阅资料的情况应尽量避免。而且检修作业时边测量、边记录、边对比（与上次检修记录对比），既有利于及时发现设备的变化，又有利于发现本次测量的失误。因此修前应在记录卡上，全面地填写出上次检修的测量数据。

3. 质量标准审查

制造厂图纸标注的安装数据，与说明书提供的数据不同的现象绝非偶然。同一家制造厂，同类型机组执行的技术标准有差异的现象也有发生。因此，修前应对质量标准进行必要的梳理，核对、增、减、修订、补充，尤其是新投产机组首次检修尤其要注意。

4. 修前试验报告交底

绝大部分电厂，都没有向施工单位提供修前试验报告的习惯。检修承包单位除在短暂的检修期间在电厂工作外，其余时间与电厂基本上没有接触。对设备情况了解甚少，是很自然的现象。修前热力试验报告，较全面的反映了机组经济运行的水平，向施工单位提供修前试验报告，有助于施工单位对设备状态的了解。因此，应将试验报告及时提交给施工单位，并作为制度固定下来。

第二节 检修项目确定

1. 检修标准项目

检修标准项目是检修项目安排的基础，是检修不漏项，应修必修的保障。尤其是当前绝大部分电厂外委承包检修的情况下，检修项目清晰、明确的罗列更为重要。但是目前尚有为数不少电厂，标准检修项目的明细表不够清晰。由于电厂没有向检修承包单位提供清晰、明确的标准检修项目，造成应修未修的现象，在现场时有发生。检修标准项目明细表不翔实，应视为检修管理的严重缺陷。状态检修与计划检修并不冲突，修与不修都应有依据。因此，检修标准项目中既有必修项目也有选修项目，都应十分明确。

2. 特殊项目

由于特殊项目为非标准作业，因此对项目的描述应更加详细、周到。但实际情况并非如此，施工计划中对特殊项目的介绍往往过于简单。按照传统检修管理要求，对于重要的特殊项目，应编写详细的工艺措施。由于当前电厂检修几乎全部外包，因此出现了工艺措施由谁来编写的问题。笔者认为，既然特殊项目是由电厂立项的，对于立项的目的及要求一定比施工单位更清楚，因此，由电厂编写更为妥当。特殊项目施工措施的编写内容的翔实程度，至少不应低于检修工艺规程的水平。通过编写对项目的认识必将更深入，因此由电厂编写更有利于项目的施工过程管理及质量验收。

第三节 修 理 及 验 收

一、检查与修理

（1）解体要做到查早、查全、查深、查细；设备解体后，要将设备现状、历史数据、运行工况进行对照比较；做好技术分析。设备解体还应认真查缺陷（问题）、查工艺、查原因。

（2）每天检查施工单位是否做好解体检查的测量和技术记录，不漏测、不漏记，并根据解体后发现的问题，汇总、编写发现问题汇总表。

（3）解体检查分析要重点注意：设备变化（老化、磨损、腐蚀、变形）的规律、缺陷

发生的原因，以及改进的效果。查出较重要的问题时，应及时进行专项技术研讨。

（4）设备解体检查基本结束，由专业组织召开解体情况汇报会。全面分析测量数据和技术记录，针对发现问题汇总逐项确定处理措施，以及下一步需要做的检查。以检修碰头会，替代专业解体分析会是不妥的。

（5）做好技术记录：无论自行检修的设备还是外包项目，对设备的修理、调整、与装复装都要有详细的技术记录。只有发现设备问题及处理结果，没有中间过程的记录，是很多技术记录的通病。一个完整、合格的记录必须做到"及时、正确、齐全"。

二、验收

对检修承包单位的质量验收，由于受到电厂专业人员不足的影响，在检修过程中很难做到全过程监督验收，因此很多工作实际上仅进行"终点验收"。众所周知，单纯依靠"终点验收"是难以保障检修质量的。面对不利的现实条件为避免疏漏，压缩"面"的工作，增加"点"的深度，是确保检修质量较恰当的方法。这是每一个处在这种情况的电厂都应注意的问题。

验收有 W 点、H 点两个级别，通常修前都会在施工文件中列出每个点的具体内容。应注意每次检修后，针对检修质量控制的具体情况及发生问题，对验收点的级别及内容根据需要进行调整，而不是永远一成不变的机械式的文件。我们应认识到，唯一不变的只有形式永远为结果服务的原则！

1. 分级验收

（1）单体项目验收。每只单体项目检修结束后，施工单位工作负责人自检合格才能提请电厂专业人员验收。验收前，验收人员应预先做好"功课"，了解上次大修的相关情况及有关技术标准。书面验收与现场验收相结合，验收时，不能只听汇报应结合实际情况现场抽验。详细查阅技术记录，是否翔实、准确。检修的深度是否符合既定的要求。

（2）分段验收。分段项目是指设备上每一独立单元的设备（或重要工序），如通流部分洼窝中心调整验收、扣缸验收等。验收时应汇报检修全过程情况、交验齐全的技术记录与报告，验收人员应详细审阅这些记录和报告确认其真实、准确、无遗漏。相关检修项目无漏修，认真进行现场检查，确认实际情况与汇报情况是否相符。

（3）总验收。所在分段项目均经验收合格，设备大修即将完毕前，由检修专业组织一次全面检查，认为确已具备总验收条件，准备好总验收评价初步意见后，报请厂级总验收。总验收是对大修全过程的追述，对项目的完成情况、增减的情况、遗留的问题、对运行的要求以及启动时需要注意的问题都应加以详细的说明。

2. 检修验收，必须注意的问题

（1）全面复查项目：从下而上对照"检修规程"及施工计划，全面复查检修项目的执行情况，发现漏检查、漏试验、漏修理、漏改进、漏消除的检修项目、设备缺陷或"七漏"都要安排补做。

（2）"自检"：既不能"以包代管"，又要向外包单位明确，贯彻"谁修谁负责"的原则，要求施工单位认真执行"自检"。做到：质量符合标准，"自检"已经合格，技术已记录齐全、才能申请验收。

（3）验收工作的原则：

1）验收人员要对自己负责验收的项目，随时关心、加强中间抽查、关键时旁站监督，严格把关，验收后要有亲自签字、承担责任。

2）验收人员对工作未终结、质量不合格、未进行"自检"的项目，应拒绝验收，对"自验"马虎、问题较多的应严肃指出，并要求其补课。

3）验收工作要以现场验收为主，切实做到"三验收"：验收检修质量是否符合工艺要求、质量标准；验收技术记录是否完整、齐全、准确；验收测试条件和检验手段是否正确无误。各级验收人员都要抓住关键、重点抽查、认真分析、确保质量。

第四节　技 术 总 结

由于机组检修普遍实行外包，电厂专业管理人员，对检修参与的深度降低，检修技术总结质量下降的现象极为普遍。很多电厂技术总结虽然篇幅不小，但将技术总结变为了行政工作总结，用大量的篇幅讲述如何克服困难，取得成效，既为技术总结，就应以技术问题为核心进行总结。

机组检修技术记录，绝大多数是由检修承包单位编写的，基本上由记录卡组成，几乎没有文字说明，因此电厂在编写技术总结时，应弥补检修记录的缺失。这样做虽然有一定的工作量，但编写过程是对检修工作的一次"复习"，既有利于设备管理，又有益于自身水平的提高。

1. 设备状态变化记录

对测量或检验中发现的变化只是简单的罗列，既不完整，又没有分析。经过长时间运行，设备发生变化是极其自然的现象。当然，变化并不等同于异常，但变化有可能隐含了异常的信息，应长期积累，摸索规律。因此，对每一个变化都应给予关注，防患于未然。很多时候发生异常后追索历史情况，因为当初的记录不全，造成无据可查，只能凭借个人记忆回顾，既不可靠，又不规范，给分析工作带来很大不便。

2. 调整过程记录

对检修过程中所做的调整，只有调整结果没有调整过程、方式的记录。例如，通流部分洼窝中心只列出修前原始情况与修后最终结果，至于如何调整的，挂耳调整了多少，底销动了多少，则完全不提及，诸如此类的现象很多。若下次检修发现问题，必将影响对问题的判断，以及下一步工作的开展。

3. 工艺方法记录

处理问题的工艺方法记录缺失，例如，汽缸或持环接触面补焊，使用哪一种焊条，焊接规范如何都没有记录。这类记录不但有利于积累成功的经验，亦有利于总结失败的教训。

4. 检测工具记录

对检测、检验及重要的测量使用的工具没有说明，例如，打硬度使用什么型号硬度仪。一旦发生问题，对检查结果质疑时，有细致、准确的记录可对分析问题提供很大帮助。

5. 设备损伤描述记录

对设备损伤描述不充分，例如覆环外圆划伤，缺口多宽、多深没有记录，轴颈拉毛，最严重的部位有多深，在什么位置都应有很具体的说明。现场经常碰到这样的现象，面对损伤，不知道是老伤还是新伤，或是老伤有新发展，都是因为少了一笔对当时而言很简单的记录。

6. 修后尚存在的问题

修后尚存在的问题主要有三类，一类是老问题经过处理仍未解决；另一类是检修中发现的新问题的；第三类因客观原因本次检修暂时没能处理的问题。

无论哪一种问题都应在总结中，给予全面说明，并提出下次检修时的处理意见，作为下次检修重要的参考资料。

附件 保温基本要求

1. 保温层厚度计算

保温层厚度的计算均按表明温度法。

对于高、中压外缸直径大于 2m 的汽缸外壁,可以近似按平壁保温计算,计算公式如下

$$\delta = k \cdot \lambda (t_0 - t_s)/a(t_s - t_r)$$

式中 δ——保温层厚度,m;

λ——保温材料导热系数,kJ/(m·h·℃);

a——保温层外表面放热系数,kJ/(m·h·℃);

t_0——保温层内表面温度,℃;

t_s——保温层外表面温度,℃;

t_r——环境温度,℃;

k——修正系数,一般取 1.2。

以上计算公式来自国标《汽轮机保温技术条件》,实际施工应按照制造厂提供的保温层厚度要求进行,如有疑问可参照对比。

2. 保温要求

(1) 保温结构一般应由保温层和保护层组成。保温结构应具有足够的机械强度,在机组多次的启停和长期运行下不发生损坏现象。

(2) 对螺栓区域和需要经常检修的部位,保温层以不妨碍检修工作的进行为原则,宜采用可拆卸的结构。

(3) 对于轴承箱等易漏油部位,保温层设计时应予以考虑,并应采取一定的防护措施,以防止机油渗入保温层。

(4) 汽轮机下汽缸的保温层厚度可比上汽缸的厚 20%左右。

(5) 间隙较小部位处的保温层结构应留有足够的膨胀间隙,并允许相邻面的保温层厚度适当减薄。

(6) 使用保温制品时,保温层一般不少于两层。

(7) 汽轮机在出厂前,汽缸表面应有固定保温层用的固定结构,以利于保温层施工。

(8) 汽轮机保温层应保证上下汽缸金属温差及保温层表面温度符合规定。

3. 保温材料的性能要求

(1) 在使用温度为 773～823K(500～550℃),导热系数不得大于 $3.41×10^{-4}$ W/(m·K) [0.08kcal/(h·m·℃)],在使用温度为 823～873K(550～600℃),导热系数不得大于 [0.029kcal/(h·m·℃)]。

(2) 密度不得大于 350kg/m³。

(3) 硬质成型保温制品的抗压强度不得小于 4kgf/cm²（1kgf/cm² = 9.80665 ×

104Pa）。

（4）允许最高使用温度应大于使用区域金属表面温度。

（5）材料含湿率不得大于 4％。

（6）不得含有对金属有侵蚀作用以及对人体有害的挥发性物质。

（7）保护层材料应具有抗腐蚀性强、强度高、使用年限长等性能。

（8）保温材料的选用应有利于汽轮机组噪声的减小。

4. 保温层施工准备

（1）保温材料的检查，包括生产厂的合格证书、化验报告、物性试验记录等，凡不符合要求的不得使用。

（2）对被保温表面应清理干净，去除油污后方可施工。

（3）保温固定装置的检查，应无松动、脱落现象。如需补焊应征得制造厂的许可，并应按设计要求进行。

（4）对热工测点、导线、仪表、阀门等应做好安全防护措施。

（5）保温材料的保管应做好防护措施。不得使用吸进了油料与受潮的保温材料。

（6）冬季施工时应做好防寒保暖措施，确保施工部位及周围的平均温度达到 278K（5℃）以上方可施工。

5. 保温层的施工要求

（1）汽轮机保温施工应严格按照该机组的保温设计所规定的要求进行。如需变动应征得设计人员同意。

（2）保温施工应严格消除各种隐患，如接缝不严，绑扎不牢等。

（3）多层保温时，上下层应交错排列，错缝压缝。

（4）每层保温施工完毕后均应绑扎牢靠。保温层的铁丝绑扎不得采用螺旋缠绕的方法。

（5）保护层的施工应做到使保温表面光滑、整齐、美观。

6. 保温施工验收

保温工程验收时应具备下列资料：

（1）保温层设计及变更书；

（2）保温材料出厂合格证书及检验、试验资料；

（3）材料代用及变更通知单；

（4）保温层施工记录；

（5）质量检查记录。

参 考 文 献

[1] 蒉天聪. 汽轮机原理. 北京：水利电力出版社，1992.

[2] 康松. 汽轮机原理. 北京：中国电力出版社，2000.

[3] 黄保海，白云，牛卫东. 汽轮机原理与构造. 北京：中国电力出版社，2002.

[4] 刘凯. 旋转机械振动分析与工程应用. 北京：中国电力出版社，2005.

[5] 杨建刚. 旋转机械振动分析与工程应用. 北京：中国电力出版社，2007.

[6] 施维新. 汽轮发电机组振动及事故. 北京：中国电力出版社，2007.

[7] 李录平，晋风华. 汽轮发电机组碰磨振动的检测诊断与控制. 北京：中国电力出版社，2006.